你说了算

新自我心理学的活法

（Kennon M.Sheldon）

［美］ 肯农·M.谢尔登 著

陶尚芸 译

**What the New
Psychology of the Self
Teaches Us about How to Live**

机械工业出版社
CHINA MACHINE PRESS

图书在版编目（CIP）数据

你说了算：新自我心理学的活法 /（美）肯农·M. 谢尔登（Kennon M. Sheldon）著；陶尚芸译. —北京：机械工业出版社，2023.5

书名原文：Freely Determined: What the New Psychology of the Self Teaches Us about How to Live

ISBN 978-7-111-72879-5

Ⅰ.①你… Ⅱ.①肯… ②陶… Ⅲ.①心理学 – 通俗读物　Ⅳ.①B84-49

中国国家版本馆CIP数据核字（2023）第052181号

机械工业出版社（北京市百万庄大街22号　邮政编码100037）
策划编辑：坚喜斌　　　　　责任编辑：坚喜斌　陈　洁
责任校对：王荣庆　王明欣　　责任印制：单爱军
北京联兴盛业印刷股份有限公司印刷
2023年6月第1版第1次印刷
145mm×210mm·8.75印张·1插页·139千字
标准书号：ISBN 978-7-111-72879-5
定价：59.00元

电话服务　　　　　　　　　　网络服务
客服电话：010-88361066　　机　工　官　网：www.cmpbook.com
　　　　　010-88379833　　机　工　官　博：weibo.com/cmp1952
　　　　　010-68326294　　金　书　网：www.golden-book.com
封底无防伪标均为盗版　　机工教育服务网：www.cmpedu.com

谨以此书献给我的父亲，约翰·唐纳森（John Donaldson），是他让我踏上了这趟奇妙之旅。

人的一生的主要任务是创造自己，成为自己潜在的样子。一个人努力的最重要成果就是自己的人格魅力。

——艾里希·弗洛姆（Erich Fromm）

《自我的追寻》（*Man for Himself*）（1947）

序　言
为什么自由意志很重要

　　在我十几岁的时候，我父亲和我经常争论自由意志的存在问题。我的父亲是一个坚定的决定论者，他坚信自由意志只是一个神话。他认为，人类的行为可能是由许多因素引起的，如基因、环境、过去的条件，但人类的奋斗不是其中之一。我们的选择不仅无关紧要，甚至根本算不上是选择。

　　每次提到这个话题，我们的谈话都是沿着相似的路线进行的。父亲总是重复两个简单的问题。他的第一个问题是："会不会存在无因事件？"换句话说，是否有任何事件本身不是由之前的事件引起的？答案是否定的。我拿起咖啡杯是因为一个无意识的习惯，或者是因为我对咖啡因上瘾。我认为我是那个做出选择的人，只是那些先前原因的副作用，就像烟只是火的副作用一样。

父亲的第二个问题是："现在总是跟随过去吗？"我不得不承认，事实确实如此。"那么，"他总结道，"一个人当下对自己行为的感觉怎么可能是正确的呢？"现在只能是过去允许它成为的样子，而不是我们希望它成为的样子。

父亲的论点确实具有绝对的执行诉求。它们似乎源于逻辑，源于我强烈重视和相信的科学世界观。在科学中，当客观事实与你的主观信念相矛盾时，你就需要改变你的信念。不允许一厢情愿；宁可犯错，不可无知。

尽管如此，我的整个人生一直被自由意志的问题所困扰和纠缠。客观态度真的需要我们否定主观意图，否定我们在这个世界上做出选择的感觉吗？还是说，一个经过深思熟虑的个人决定会对人的一生产生重大影响，这样的结论在科学上是合理的？这些焦虑和冲突激发了我作为一名心理学家的大量研究，而这些研究最初帮助我进入了心理学领域。

你可能和我一样，也难以接受决定论，至少是"极端版"决定论。它主张，人类的意识只是一种幻觉，我们选择自己命运的能力是一种错觉。你或多或少感觉到，你掌控着自己的生活。每一天，你都在做决定，从早上穿哪件衬衫，到是否去追求某份工作或某段感情。当然，你要意识到你的选择是有约束条件的，比如，在大约26℃的天气里，你不会穿一件厚外套，也不会穿一条泳裤去办公室。你知道，你选择去追求某样东西并不意味着你就能得到它。你甚至可能马上（或以后）意识到你做了一个错误的选择。不管怎样，你是做决定的人。很明显，你会觉得，所有关于自由意志的争论都是毫无意义和无关紧要的。这又有什么区别呢？

但如果我们深入挖掘，自由意志会变得更有趣。我们开始看到它对我们是谁是多么重要。例如，如果决定论的观点是正确的，那么，我们认为自己正在做选择的想法一定是错觉。你可能认为，你开始读这本书是因为这是你今天决定做的事。但也许还有另一个因素，或者是其他因素的组合在起作用，如特定神经元的放电、特定神经化学物质的释放、你过去的条件反射、你需要的情绪状态、你现在的课程作业或者朋友的一再坚持。在这种情况下，你让自己开始读这本书的感觉，可能只是一个令人欣慰的童话故事，一个错误的归因，这让你保持一种掌控一切的感觉，但最终会阻碍你前进。这就是"极端决定论者"所坚持的。他们中的大多数把我们的信仰放在自由意志上（包括亲爱的读者们的自由意志），与相信心灵感应、千里眼、水晶疗法或转世，或者鬼魂、精灵和神灵同属一类。他们觉得，如果你能克服它，你就会过得更好。

作为一名心理研究学家，我和其他科学家一样，对千里眼、转世、神灵之类的东西持怀疑态度。但我的研究让我怀疑，自我决定的决定论观点可能是错误的，也就是说，根本不存在这样的事情。我们不仅可能拥有自由意志，我们还可能拥有激进的，甚至是不可避免的自由意志。这意味着，我们在日常生活中，甚至每时每刻都忍不住要做选择。这就是我们的思想进化的结果。这些选择可能对我们的人生进程产生深远的影响，但乍看之下，它们显得非常简单或微不足道。

现在认识一下托尼吧，他是著名州立大学的一名大学生篮球运动员。托尼是自己球队里最好的球员，他希望毕业后能够打职业比赛，他想象自己进入NBA，拥有所有的金钱和关注。托尼的队友知道他有这个野心，他的教练也知道。不幸的是，托尼的球队本赛季的表现低于预期，并且有被排除在即将到来的全国锦标赛之外的危险。

赛季末，在一场关键的分区比赛中，托尼带球进攻。他的球队落后 1 分，只剩 15 秒了，这是他们赢得比赛（或至少打平）的最后机会。托尼在外线运球，寻找突破的机会，或者传球给队友。比赛还剩 3 秒时，球队的小前锋阿兰抢先一步，切向篮下空位。防守托尼的对手向阿兰移动，给了托尼一个 30 英尺（1 英尺 =0.3048 米）远的高难度投篮机会。托尼是个好投手，但阿兰更接近篮筐。他会怎么做？投篮还是传球？

从某种意义上说，这似乎是托尼一个人的决定。他是关键时刻的持球者。但从另一种意义上说，托尼的决定可能根本不是他自己的。这可能是无数不受他意识影响的潜在因素的产物。也许是他的身体疲惫了，导致他选择了更容易通过的道路。也许他的教练告诉他在这种情况下要大胆，所以他选择了投篮。也许托尼和阿兰是好朋友，他们一直在练习这种传球，把球传给他几乎是条件反射。也许，托尼可能是一个渴望关注和荣耀的自恋狂，所以他自顾自地投篮了。也许是观众的尖叫声太大，以至于托尼分心了，在他有机会投篮或传球之前，他就接球失误了。托尼的"决定"，不管是什么，可能真的不是他自己的决定。同几分钟前你可能不会让自己拿起这本书一样，也许托尼也不会让自己的行为发生：他只是一个傀儡，被自己意识之外的因素所控制。

但是，假设托尼放手一搏。如果他投篮得分，他的球队就赢了；如果他投不中，他们就输了。在托尼投篮的场景中，他是一个英雄！主场观众爆发出欢呼声，托尼的队友们也围上来欢呼雀跃。尽管托尼小心翼翼地告诉记者，这场胜利是"团队的努力"，但他非常乐意在自己的脑海中为这个结果居功，他将其归功于自己作为篮球运动员的智慧和技巧。

另一方面，假设托尼将球投偏了。蜂鸣器响了起来，观众群发出了叹息声，阿兰难以置信地举起双手，喊道："我无人防守！"在更衣室里，教练斥责托尼的自私，指责他追求个人荣誉，而不是做出更明智的选择——传球。在这种情况下，托尼很可能会为自己的选择找借口，说他只是遵循了教练的指示，或者阿兰可能会接球失败。他不想对发生的一切负责。然而，第二天，托尼的队友、报纸和球迷讨论区都同意：输球是托尼的错。他做出了一个貌似有缺憾的选择，必须被追究责任。

在这里，重要的是要区分各种决定（无论是如何做出的）和这些决定的后果。当我们回想起自己的选择时，我们常常把这些因素混为一谈。例如，如果托尼投篮成功，他可能会把他的成功归因于他选择了投篮（显然是正确的）。如果他失误了，他很可能会否认自己投篮的决定是他的责任，把责任归咎于当时的混乱，或者教练糟糕的战术。换句话说，托尼对他的投篮的归因（他选择投篮的解释）会随着比赛结果的不同而有所不同。在心理学上，这被称为自利性偏差。

尽管如此，托尼还是可以在投篮失误后做一些非常勇敢的事情：他可以接受指责，向他的队友道歉，并承诺在未来努力做得更好。在接下来的赛季中，他可以努力成为一个更加慷慨的队友。这是托尼必须自己做出的又一个决定，是吗？也许这个决定也是由托尼所不了解和无法控制的力量决定的。也许，即使托尼做了"正确"的事情，他也不值得称赞。

为了解决这类难题，我们需要一个哲学的视角。哲学家克里斯蒂安·李斯特（Christian List）在其开创性的著作《为什么自由意志真的存在》（*Why Free Will Is Real*, 2019）中认为，自由意志只需要三种相关的能力，它们都在人类（甚至可能是机器人和其他人工智能系统）内部运行：①考虑多种行动可能性的能力；②形成追求其中一种可能性意图的能力；③采取行动实现这种可能性的能力。这些能力使精神主体可以在关键时刻权衡各种选择，并确定优先选项，并朝着这个方向努力。李斯特认为，心理学研究已经表明，这三种能力是存在的。事实上，如果不假设它们是可操作的，就无法理解人类的行为（作为一名研究目标和意图的心理学家，我同意这种观点）。

根据李斯特的理论，我们的篮球运动员托尼绝对是在实践自由意志。在比赛还剩 3 秒的时候，他开始权衡各种选择（投篮？传球？再运球几次？），做出一个选择（假设是"我要投篮！"），然后身体一跃而起，在空中投篮。这次投篮的功劳，或者说责任，都属于托尼自己。

然而，退后 1 秒，画面就变得模糊了。为了让托尼投篮，他的大脑必须向肌肉纤维发出收缩信号，把球抛到空中。这种神经信号依赖一系列复杂的电子和化学过程，而这些过程又依赖托尼体内数万亿个细胞和组成这些细胞的原子，但托尼与这一切毫无关系。更重要的是，托尼不知道他当初为什么"选择"投篮，也不知道任何有关大脑进行这一过程的信息，正是这些信息将他的决定引向了那个方向。托尼在这一切中扮演什么角色？托尼的决定意味着什么？托尼到底是谁（或什么东西）？

1949 年，哲学家吉尔伯特·赖尔（Gilbert Ryle）

描述了一种神秘的心理实体，它以某种方式困扰着我们的生理大脑。他称这种身体（像机器一样）混乱为"机器闹鬼"（Ghost in the Machine），并认为它只是虚构的。在人格心理学领域，我们对鬼魂有不同的术语，称之为"符号自我"。符号自我指的是我们对自己的感觉，我们是有自我意识的精神主体，我们生活在一个故事中，扮演我们在世界上的角色，决定下一步做什么和说什么。符号自我可能是在语言发明之后出现的，这需要人类进化认知能力以创造并存在于一个生活在其他角色之间的社会角色中。符号自我确实是一种虚构产物，就像"机器闹鬼"一样；但是，当我们在这个世界上行走、做决定、管理自己的生活时，我们也能感觉到自己是什么样的人。正如我们将看到的，我们的符号自我驾驭着我们大脑活动的"顶层"，由其下面无数的神经元支持。但我们这些"鬼"并非无能为力，我们在选择下一步要去哪里，影响着神经元中发生的一切。

赖尔将"机器闹鬼"的想法追溯到勒内·笛卡尔（René Descartes）那句著名的"我思故我在"（Cogito ergo sum）。早在 1637 年，这就是笛卡尔在激进的质疑中为哲学探究奠定基础的方式。鉴于他所遇到的事物可能是邪恶念头制造的幻觉（今天，我们可能会认为这是一种计算机模拟），笛卡尔认为有一个事实确实是毋庸置疑的：

必须先有一个思想家，然后才能怀疑这个思想家的真实性。这个想法有一个令人信服的逻辑。我在书房里挂了一个小牌子，里面有我自己最喜欢的版本："我疑故我在"（你细品）。尽管如此，笛卡尔仍然把自己内心的观点作为唯一可靠的真理，而不管他的身体感觉告诉他什么，他似乎接受了二元论。二元论是一种理论视角，它将主观的心灵与物理的身体分离开来。因此，赖尔的"机器闹鬼"中，心灵（"鬼"）与它所居住的物理机器（身体）分离开来。

二元论在哲学中仍然是一个非常有争议的观点，它提出了这样的问题：精神是否可以脱离肉体而存在，是否存在一个形而上学的鬼魂，在出生时以某种方式与肉体结合，以及这个鬼魂是否可以以某种方式从死亡中幸存，甚至与一个至高的存在重新连接。对于所有这些问题，我和大多数其他科学家一样，回答"可能不会"，但我们没有办法确切地知道答案。尽管如此，我还是要说，作为符号自我，我们确实与我们的身体有一种二元的分离，这种分离赋予我们巨大的创造力和行动的巨大自由度。在本书中，我们将考虑这种迷人的二元论的本质，因为我们考虑如何拥抱和培养我们内在的鬼魂及它们的选择能力，而不是抛弃或怀疑它们。

克里斯蒂安·李斯特的自由意志理论为我们的选择提

供了一个强大的哲学依据。但从心理学的角度来看，他的理论也是不完整的。首先，它没有告诉我们选择的架构如何实际运作。当我们面临一个决定时，我们究竟如何找到各种选择，并在它们之间做出决定？李斯特的理论也没有涉及更广泛的决策背景。当我们受到如此多的社会压力和其他外部影响时，我们能在多大程度上自由选择？最后，他的理论并没有解决明智选择的问题，即我们怎么知道我们的选择是正确的？

我在人格心理学领域拥有得天独厚的条件去回答所有这些问题。在我35年的研究生涯中，我收集并发表了所有这些问题的数据。我的工作集中在人们自我陈述的个人目标，也就是他们在生活中追求的广泛目标——从他们试图从事什么职业，到他们将坚持什么价值观，再到他们试图达到什么运动目标。我的工作也关注人类的幸福，以及我们如何获得幸福。

我发现，设定新的目标，然后实现它们，是通向幸福和健康的最佳途径。在任何时候，我们都可以决定采用一个新的目的、路线或目标，这些决定可能会改变一切，导致我们生活的重大改善。当然，并不是所有的目标都是有预兆的，也不是所有的目标都能改变我们的生活。我们也不是总能成功实现这些目标。但没关系！关键是，每时每刻，我们都在不断地从我们面前的众多可能性中选择一种，采取行动让宇宙偏离特定的轨道，否则这一切就不会发生了。在想象的选项中做出选择，可能是人类大脑最深刻的能力，而人类的大脑因为量子的不确定性而将我们的身体推向某个方向，导致"叠加态和波函数的坍缩"。

我对人们为自己设定的目标的研究是我更广泛的探索之一，我称之为"最优人类"：我们应该如何生活，以便最大限度地发挥我们的潜力，获得爱、成功、创造力和满足感。在追求这个目标的过程中，我研究了心理学中许多相互关联的问题，包括自由、责任和真实的意义；我们如何形成意图、设定目标和发展价值观；我们如何成为更完整和自我实现的个体；这一切如何影响我们个人的快乐和幸福感。在此过程中，我借鉴了心理学许多分支学科的方法，包括动机心理学、积极心理学、人格心理学、社会心理学和决策心理学。

尽管所有这些学科都探讨了一些不同的问题，使用了不同的方法，但它们都对"最优化功能"感兴趣。动机心理学试图帮助人们得到他们想要的，让他们更多地掌握自己的命运。积极心理学试图通过实验研究，给人们提供一些活动和实践的建议，这些活动和实践可以帮助人们以有益的方式成长。人格心理学试图帮助人们增强自我意识，改善组成一个完整个体的许多认知和情感系统的内部协调。社会心理学试图告诉人们如何改善与他人的沟通，如何说服人们接受他们的观点，以及如何防范社会陷阱。决策心理学试图帮助人们更理性地思考摆在他们面前的选择，从而提高他们决策的"效用"。

尽管这些学科的研究方法五花八门，但它们都有一个共同的假设：人类不断地做出选择，有好选择也有坏选择。我们没办法，甚至等着选择，或者根本不选择，也算是一种选择。这些领域还假设，随着时间的推移，人们可以收集更多信息、用心关注自己的内心状态、关注并试图纠正自己的偏见、分析自己的战略错误等，从而学会做出更好的选择。当这些领域的研究人员在工作中取得成功时，人们就会获得改善生活的新工具，而且他们能够更好地掌控这些工具。

这一观察引出了一个有趣的事实：所有关于人格发展的主要理论，从西格蒙德·弗洛伊德，到卡尔·荣格，到亚伯拉罕·马斯洛，再到我今天的大多数同事，都强调在岁月变迁中变得更加自主的重要性，我们要培养一种更强烈的甘当决策者的意识、更强烈的自主意识、更强烈的行使自由意志的意识。我们将在后面更多地讨论这些理论，但是这个共性表明，"我们是否有自由意志"的问题不仅仅是哲学研讨时的问题，还是一个深刻的个人问题，对我们每个人都很重要，因为相信自己有能力做出自由选择，并随着时间的推移学会做出更好的选择，是成为一个心理健全的人所必需的。

为什么自主（自由行动的感觉）是个人成长的主要驱动力？用最简单的话说：因为自主作为符号自我，可以帮助我们更好地管理我们的生活。心理自主性帮助我们认识到自己真正想要的是什么，然后去追求。但与此同时，它帮助我们调节和控制自己，甚至在必要的时候，让我们去做自己讨厌做的事情。心理自主帮助我们与他人有效沟通，以便他们帮助和支持我们。与此同时，心理自主还帮助我们去关心别人，因为它帮助我们在他们身上认识自己。用心理学家罗伊·鲍迈斯特（Roy Baumeister）的话来说，心理自主帮助人们追求"理性的利己主义"，同时采用（并适应）更广泛文化的价值观和规范。

某些心理学家对"意识自我"的作用轻描淡写，这种做法似乎越来越时髦。他们将"意识自我"描述为无能为力或无知。他们试图告诉我们，我们只是自己头脑中被动的声音，只会在事后发表评论，而没有真正的力量去影响任何事情；或者，我们很容易被我们周围的社会力量操纵和控制，在很多情况下我们没有意识到这一点；或者，我们装模作样的道德只是那种很容易被戳破的虚荣做作；或者，我们饱受自我膨胀感觉之苦，并遭遇无数自利偏见的折磨。

这四种说法通常是正确的，但本书的前提也同样正确。尽管我们有这么多的瑕疵和缺憾，但作为符号自我，还是可以"驾驶生命之车"。人类大脑的运作是已知宇宙中最复杂的过程，这个过程是我们作为符号自我在指挥的。我们要在"飞速前行中"决定；我们要不断地选择自己前进的路，尽管有时非常无知；我们所采用的方法是任何科学理论、数据或统计模型都无法提前预测的，尽管它是错综复杂的。我们需要教育和加强我们的符号自我，而不是削弱或驱逐它们，因为它们是我们所拥有的一切。

如果自由意志真实存在，甚至是不可避免的，那么，为什么我们有时会感到如此不自由呢？也就是说，为什么我们经常感到被工作的压力、人际关系的压力、歧视的压力、政治的混乱，以及其他更多的压力所左右？今天，世界似乎陷入了一场不断升级的心理危机：我们不再知道什么是真实的，我们憎恨持相反政见的人；随着气候变暖，我们的城镇要么热得像火炉，要么被泛滥的洪水淹没。所有这些问题仅仅是因为我们没有相信我们是自由的吗？

当然不是，很明显，这些都是客观问题，我们（个人）很难或根本无法控制。而且，同样明显的是，除此之外，无论是在自己的生活中，还是在整个世界中，我们都被卷入了许多其他类似的问题。尽管问题重重，我们却常常没有意识到我们实际上有很多选择。因此，我们可能会犹豫不决、拖延时间，或者完全无法做出决定。因此，我们可能无法解决问题，也无法将问题转化为机遇。

有很多原因可以解释我们为什么不能充分利用自己的自由意志，以及为什么会接受更少的可能性。也许，我们在生活中被当局利用和虐待，他们让我们相信，掌权的是他们，而不是我们。也许，我们对自己或世界的信念，甚至对决定论的信念，阻碍了我们前进的视野。或者，我们生活在极度贫困中，我们是少数群体的一部分，受到多数群体的歧视。也许我们生活在一个充满腐败、冲突和混乱的社会，这种情况在当今世界越来越普遍。

但是，我们不应该逃避另一个阻碍自主行动的障碍，即我们有时会故意放弃自己的自由意志。我们试图避免选择，或者故意拖延；或者像托尼一样，在错过了投篮之后，我们找借口，试图避免为自己的选择承担责任。在这些情况下，也许我们的问题不是我们拥有的自由太少，而是我们拥有的自由太多。自由太多也会令人恐惧。如果我们选择错了，陷入麻烦，或者后悔了，会怎样呢？像托尼一样，我们要为自己的选择负责（某些法律和医学责任除外），而这些选择有可能会给自己或他人带来痛苦，或者招致他人的指责。我们可能无法实现我们所珍视的目标，并以痛苦的失望告终。

试想一下，一位大一女生在面对数十个可供选择的学术专业（或朋友，或追求者）时感到胆怯，因为她知道这些选择可能会强烈影响她未来的人生轨迹。她还必须在对自己知之甚少的情况下做出选择，她才 18 岁。她怎么知道当她 40 岁的时候她是否还想当一名医生，而不是设计师？也许"随波逐流"，做别人正在做的事情会更容易一些。这种谨慎的态度在一定程度上是有道理的。人们通常意识不到自己的潜意识动机，而且往往不善于预测自己将来对选择（或不选择）的感受。他们往往必须在不知道在实现选定目标的道路上将面临什么障碍和困难的情况下做决定。也许，不尝试比尝试失败要好。

借用 20 世纪精神病学家艾里希·弗洛姆（Erich Fromm）说过的一个短语，由于这样的困境，人们可能会试图"逃离自由"。弗洛姆的相关书籍中探讨了导致纳粹主义兴起的心理社会条件。其中最主要的是对自由的恐惧，同时代的存在主义哲学家将这种恐惧挑选出来，认为它可能是人类面临的最重要的问题。法国哲学家让 – 保罗·萨特（Jean-Paul Sartre）认为，无论我们喜欢与否，我们都是彻底自由的，并且"注定要选择"（并因此定义我们自己）。有些人一点也不喜欢这样，所以他们寻找能让他们下定决心的东西，任何东西都可以。比如，僵化和牢不可破的惯例，严酷的独裁型领袖，也许还有否认他们自由意志的理论。但是，根据萨特的存在主义观点，即使"不选择"，也是一种选择。选择"完全不相信选择"也是一种选择。

本书认为，我们总是有自由意志，至少在克里斯蒂安·李斯特所提出的意义上是这样的：我们可以自由地想出多种选择，选择其中之一，然后开始行动。与此类似，奥斯维辛集中营幸存者、精神病学家维克多·弗兰克尔（Viktor Frankl）也深深感到，我们总是有能力选择自己对环境的反应，而有时环境是极端糟糕的，比如，对于刚从囚禁中幸存下来的弗兰克尔来说，环境是极其令人恐惧的。在《活出生命的意义》（*Man's Search for Meaning*）一书中，弗兰克尔写道："人所拥有的任何东西，都可以被剥夺，唯独人性最后的自由，即在任何境遇中选择自己态度和生活方式的自由，不能被剥夺。"

然而，即使我们当中那些面临比弗兰克尔更世俗的挑战的人，可能还不够成熟、不够勇敢、不够有洞察力或不够坚强，无法把握这种自由。因此，对于我们是否有自由意志这个问题，更复杂的答案是，我们认为自己有多自由，我们就有多自由。我们可以通过相信我们没有自由来限制自己的自由，我们对自己的行为没有选择的余地，正如我们将看到的，这样的信念倾向于成为自我实现的预言。但倾向并非必然：预言可能会失败，压力可能会被抵制。弗兰克尔认为，既然我们无法避免选择，不如鼓起勇气去选择那些重要而有意义的事情。在这本书中，我将探索一些我们可以做到这一点的方法。

目　录

你说了算　新自我心理学的活法

Freely D

termined

第一章
决定论的问题

哲学家兼神经科学家萨姆·哈里斯（Sam Harris）在 2012 年出版的《自由意志》（*Free Will*）一书（该书确实支持极端决定论）开篇就讲述了一个可怕的犯罪故事。2007 年，两名男子闯入康涅狄格州的一个四口之家——威廉和詹妮弗·珀蒂夫妇及其两个女儿。两个来者都是职业罪犯，显然是为了抢劫而破门而入。但一进屋，计划就变了。其中一人用棍棒打死了这四口之家中的父亲，另一人强奸并勒死了母亲。然后，他们放火烧了房子，杀死了两个女儿。哈里斯讲述这个故事是为了支持一个激进的（有些人可能会说是令人不安的）论点：

凶手除了杀死他们入侵的房子的主人之外别无选择。他们的行为是完全确定的，因此，如果对他们的潜在历史和条件有足够的了解，他们的行为将是完全可预测的。哈里斯还做了一个惊人的陈述：如果他（哈里斯）与其中一个杀手交换了"原子"，他也不可能选择其他方式，哈里斯也会被同样的杀人冲动所控制。

乍一看，这个想法似乎是合理的（除了"交换原子"部分）。杀手们被卷入了一连串的事件中，回想起来，这些事件似乎无情地导致了悲剧。事实上，这些人后来也是这样描述他们的行为的。但是，如果说凶手总是注定要做他们所做的事情，而且不可能阻止自己这么做，这种说法真的有意义吗？这似乎暗示着"预先决定论"。这种学说认为，自开天辟地以来，任何发生的事都是注定要发生的。这是一个很少有科学家支持的观点，因为它要求我们相信，在 140 亿年前大爆炸的那一刻，宇宙中的每一个地方，每一个未来的事件，都已经注定了。我们将在下一章更仔细地批判这个观点。

貌似更可信的是，在每一个时刻，都有许多可能发生的事情会在下一刻发生。事情的发展有很多自由度。

凶手破门而入后可能没有无限的选择，但他们也不是只有一个选择。如果是这样的话，如果他们真的没有自由度，没有能力考虑其他选择（正如克里斯蒂安·李斯特的"自由意志模型"所要求的那样），那么他们就不应该为自己的行为承担法律责任。如果客观证据显示，他们患有器质性脑病或严重的精神疾病，他们将不得不"以癫狂之名"被无罪释放。

但是，哈里斯没有拿出任何证据来证明这两个凶手中的任何一个无法控制自己的情绪，而是验证了他们罪行的严重性。为什么不假设凶手有选择余地却做了一个糟糕的选择呢？也许他们没能抑制住一时的冲动，没能考虑到他们的行为可能给未来带来的后果，没能记住他们在抢劫过程中不伤害任何人的最初意图，因为在他们意识到这一点之前，事情就失控了。如果再给他们一次机会，也许他们下一次能做得更好。

在本章的下一节中，我将评估决定论的一些主要假设，展示它们是多么难以置信，甚至是多么夸张。这些假设把我们都变成了脑残杀手！因为我不是一名哲学家，所以我不会列数这些持久辩论的无数微妙之处，因为已经有数百本书和数千篇文章吹嘘过了。我也不会谈及不同哲学家对自由意志的几十个具体观点，那得要一整本书才行。我在这里的目的只是为决定论的主要科学论点提供一个总体意义，同时也为这些论点提供一个常识性的评价。也许决定论的初始假设可以被质疑，但不能被推翻。这种质疑可能会给我们更多的空间去思考其他的可能性。这也意味着人们还不应该屈服于宿命论。

然后，在本章的第二部分，我将考虑决定论的一个实际问题，即相信宿命论往往会使人类的能力下降、幸福感下滑、道德感下沉。正如我们将看到的，实验表明，说服人们相信决定论在许多方面对他们产生了负面影响。这些实验的结果为我们走向宿命论的道路提供了更多的怀疑和暂停的理由。根据克里斯蒂安·李斯特的说法，反自由意志的论点有三种基本形式。在这里，我遵循他的引导，同时更多地关注相关的心理学。我称他的这些论点为决定论的"三骑士"。

第一骑士是还原主义（或唯物主义）的观点。它认为只有遵循物理定律的物质才是真正的物质。按照这种观点，对人类（最终）行为唯一可能的正确解释必须是物理学解释，而不是生物学解释，当然也不是心理学或主观解释。为什么我现在要讲这句话呢？因为无数的原子过程正在驱使这些行为发生。激进的还原论者认为，原则上，我们应该总是能够将行为"还原"到发生的事件，一直到原子级别，也就是我们最基本的构建单元。只有在那里，我们才能找到我们行为的真正原因。

还原论者的论点很有吸引力，因为在现实中，一切都是建立在物理基础上的，这似乎是显而易见的。当然，我们可以说，所有的事件都是基于原子过程的，因此都可以用支配原子过程的定律来解释。当然，这也包括心理事件。在这些事件中，我们可能会（错误地）认为"我们"才是正在思考的人。

但还原论有一个不容忽视的重要含义：归根结底，我们唯一需要的科学是物理学。因此，整个生物学领域可能变得无关紧要，因为所有的生物学解释最终都可能被物理学解释所取代。同样，神经科学的整个领域也可能变得无关紧要，因为所有神经学上的解释都可以归结到生物学上，然后是物理学上。神经科学家萨姆·哈里斯（Sam Harris）认为，我们所有的选择（不仅仅是杀手的选择）都是由微观层面的大脑过程决定的。他强调了生物学，但哈里斯的说法本身很容易被"还原"到分子、原子和量子层面上更基本和基础的过程，这是物理学家的领域，这可能会使他的神经科学领域变得无关紧要。一位立场强硬的物理学家可能会说："对不起，哈里斯，大脑过程其实不过是细胞过程，而细胞过程也不过是化学和原子过程。最终，你将不得不放弃你的观点，加入我们这些物理学家的行列。"

简而言之，还原论的一个严重问题是，触底之前，无处可停。任何科学（或科学解释）如果依赖于原子过程之外的任何东西，最终都注定会被淘汰，它们都只是通往更真实事物的路上的中转站。

然而，真正的事实是，当涉及理解和预测复杂的人类行为时，这种还原论几乎无法提供任何有用的信息。为什么？因为物质的基本组成部分距离运动是如此之远。这里有一个很有启发性的类比。理查德·道金斯（Richard Dawkins）在他 1987 年出版的《盲眼钟表匠：生命自然选择的秘密》（*The Blind Watchmaker*）

一书中写道："汽车的行为可以用汽缸、化油器和火花塞来解释。的确，这里的每个组成部分都在一个解释金字塔的塔尖上。但如果你问我汽车是如何工作的，如果我用牛顿定律和热力学定律来回答，你会觉得我有点自大；如果我用基本粒子知识来回答，你会觉得我是彻头彻尾的蒙昧主义者。"换句话说，为了解释汽车的工作原理，我们通常不会求助于物理和化学。相反，我们将关注汽车的机械系统——内燃机、转向、刹车等。

但请注意，这只是对汽车工作原理的描述，即汽车是如何工作的。这仍然不能告诉我们汽车的去向，即汽车的行为。要理解这一点，我们似乎需要高瞻远瞩，而不是目光短浅，即我们要看开车人的意图。当我从我的家乡密苏里州哥伦比亚市驶上 70 号州际公路时，我的车要么向左驶向堪萨斯城，要么向右驶向圣路易斯，但只要汽车在行驶，我的车的路径取决于我想去哪里，而不是取决于汽车本身。貌似心理事件（即我们的意图）可能会产生比构成其微观层面的物理事件更多的影响。

我们将在下一章进一步讨论这种"更多的影响"。如果用还原论来充分评估这些问题，需要额外的工作。

现在，让我们转向决定论的"第二骑士"。

第二种反对自由意志的主要论点来自"预先决定论"。它的意思是，事情不可能变成现在这样；宇宙是一台巨大的机器，"轰隆轰隆"一路驶向一个必然的结论。这个想法至少可以追溯到法国科学家皮埃尔·拉普拉斯（Pierre Laplace）。在 18 世纪末，他表示，如果科学家完全了解当前宇宙的结构，那么只需应用伊萨克·牛顿（Isaac Newton）的运动定律，就可以完美地预测未来的每一个事件。如果一切都是预先确定的，那么我们对任何事都没有选择的余地。你总是会发现自己正在读这句话，无独有偶，我也总是想着写下这句话。

当然，从回顾的角度来看，这是一个很难反驳的论点。毕竟，过去发生的事情总是一连串的。怎么可能不是这样呢？我爸爸说过很多次了。

但作为科学家，我们的职责是事前预测（提前知道），而不是事后口述（事后解释）。我向你保证，事前预测复杂的人类行为要比事后解释困难得多。编造一个关于发生了什么和为什么发生的临时故事相对容易。在事情发生之前预测会发生什么要困难得多，甚至可能是不可能的。例如，如果我们想要预测一个人是否有可能接种某种特定疾病的疫苗，我们可以创建一个统计模型，考虑人口统计信息（年龄、位置等）和某些信念的度量（对医疗保健系统的信任等）。我们的模型可能预测，城市地区的老年人比同一城市地区的年轻人或农村老年人更有可能接种疫苗。但从来没有一个模型（即使是一个包含各种数据的非常复杂的模型）能够 100% 准确地预测人类行为。总是有例外的，而且通常情况下，科学家们很幸运能得到超过 50% 的准确性，只有当他们将人们的测量意图纳入模型时才会如此。比如，人们是否计划接种疫苗？如果个人行为真的是预先确定的，你们会认为现在的科学家应该更善于提前预测。

决定论者可能会认为这只是一个数据问题。随着研究方法和数据分析能力的提高，我们将越来越善于提前预测未来会发生什么。

额外的信息总是能减少预测误差，这是不可否认的事实。例如，如果我们测量一个人所处环境中的其他人（这个人也得接受测量），我们就能更好地预测这个人是否会接种疫苗。毫不奇怪，研究表明，如果家人反对，人们不太可能接种疫苗。尽管如此，我仍然认为，人们行为的许多变化永远无法提前预测，因为下一时刻的决定往往发生在前一时刻的转折点；因为在做决定的那一刻，一个人的脑海中浮现了一系列新的可能性；因为这个人在这些可能性中做出了主观选择。此外，我们的选择总是深深交织在我们所处的瞬间情境中，而我们的处境和我们一样独特。但是，科学家们还远远不能预测人们每时每刻都会遇到什么样的确切情况。如果我们不能预知人们的处境会怎样，又怎么能提前预测人们对各种情况的反应呢？

预先决定论的另一个问题，类似于还原论的"触底之前，无处可停"的问题，就是当一个人让时光倒流时，他无处可停，这个事件链最终必须追溯到宇宙诞生时的条件（大概是大爆炸）。换句话说，如果每个事件都是预先确定的，那么决定该事件的原因也是预先确定的，以此类推，一直追溯到最初的起点。

但可以肯定的是，在我们宇宙诞生的最初时刻（如果他们有个靠窗的座位），任何科学实体或自然神论者都不可能知道宇宙存在的数十亿年里每时每刻、每一处都会发生的一切。只有当我们的宇宙在精确的起始条件下进行着实验，并且在此之前已经被一些超级强大的外星生物"运行"了很多次，并且这个实验的结果总是一模一样，这才说得通。《创世纪》（*The Book of Genesis*）就描述了这样一个正在进行的实验——尽管神学家们对上帝是否提前知晓一切持不同意见。但是，这样的神一样的存在，还有这样的实验，貌似相当不可思议，而且，无论如何，也是无法用科学方法解决的。

有一个更常识性的观点，也是我们赖以生存的观点，就是在这个复杂的宇宙中存在着几乎无限的偶然性和自由度，因此事情可能以多种不同的方式发展。一个偶然的瞬间事件，如一阵微风、一句偶然的评论、一个奇怪的巧合可能都会引发一连串事件，导致与预期截然不同的结果。在混沌理论中，这被称为"蝴蝶效应"。比如，在南美，一只蝴蝶的翅膀的微小扇动，可能最终决定了遥远地区（如北美）的重大天气事件。

但也许预先决定的概念可以解决这个问题。该学说的一个低调版本认为，除了合法规范的（因此可预测）过程之外，随机（因此不可预测）过程也会影响所发生的事情。这一观点承认，我们可能永远无法提前预测一切，但它表示，这只是因为系统中存在一些随机性，而不是因为有意的行为主体（如我们自己）干预或做出有影响的选择。根据这种观点，从某种程度上说，人类的行为不可预测，但只是因为他们的行为是随机的，而不是因为他们的行为是有目的的。

但是，可能无论是预先决定还是随机决定都不能充分描述人类生活中实际发生的事情。我们无法选择我们所处的情境（尽管我们的前任自己常常会通过我们之前的决定影响这些情境），我们也无法选择对情境的感知，也不会直接从我们的无意识思维中产生一系列可能的行为反应。从决定论的角度来看，所有这些事实都被认为是否定了自由意志的可能性，只有全知（无所不知）的自由意志才算数。

但是，也许我们仅仅有限的自我认知并不重要；也许重要的是我们作为"当下的自我"，接受我们发现的东西（就像托尼在比赛还剩 3 秒的时候所做的那样），然后决定我们下一步要做什么（"我要投篮"而不是"我会传球"）。我们把自己的目标强加于世界。在克里斯蒂安·李斯特的术语中，我们可能有不可剥夺的能力，在每一个时刻，考虑备选方案，形成意图，并采取行动。从这个角度来看，我们既不是预先决定的，也不是随机决定的，相反，在做决定的时候，我们偏向于我们的愿望、需要和欲望，这是我们在做决定的时候所能感知到的最好的东西。

的确，我们可能无法清楚地感知自己的需求和愿望，可能不知道该选择什么。但这似乎把自由意志的问题变成了另一个问题，即如何明智地使用自由意志。也许我们可以用科学来回答这个问题。

决定论的"第三骑士"是副现象论。根据《牛津英语词典》（*Oxford English Dictionary*），"副现象"是"产生于某个过程但不产生因果影响的次要效应或副产品"。也就是说，它只是一个附带作用，就像真空吸尘器产生的噪声或火灾产生的烟雾一样。噪声和烟雾不会引起造成它们的事件，它们只是这些事件的副产品。在副现象论的观点中，我们的经历常常只是先前原因的副产品，它们从来不是原因本身，而是事件链上的死胡同。

从副现象的角度来看，我们作为有意行为者的感觉是错觉。与还原论者的观点一样，这种观点认为，科学家也许有一天能够预测人类的行为，但这只能通过对物理和化学，也许还有分子生物学和神经科学的彻底理解。一旦物理学、生物学和神经科学的研究理论和数据足够先进，研究人员就没有必要考虑人们在想什么、感觉什么或打算做什么，这些只是偶发性的附带作用，实际上对我们的行为没有任何影响。

　　萨姆·哈里斯的《自由意志》一书主要讲述了还原论和副现象论是对自由意志的抗拒。鉴于哈里斯是一位神经科学家，这也说得通。神经科学家倾向于假设所有的行为都可以用我们意识不到的大脑物理过程来解释。据推测，哈里斯将不得不承认，他对自己写书的决定，甚至他对决定论的狂热信仰，都是由他无法控制的因素造成的。但为什么他如此肯定自己是对的呢？而我认为，哈里斯完全控制着自己写《自由意志》的决定：他想了想决定论，他喜欢这个观点，因此，他做出了写书支持这一观点的选择。

　　哈里斯的书在很大程度上是对神经科学家本杰明·利贝特（Benjamin Libet）及其同事们进行的一系列著

名实验的副现象含义的详细阐述。在这样的实验中，实验者要求参与者坐在一个时钟前，在他们选择的某个时刻按下一个按钮。当他们决定按下这个按钮时，他们会在脑海中记下时钟上的确切时间，以便稍后向研究人员报告。

利贝特发现，一个可测量的动作电位（即负责移动按下按钮的那只手的神经元中的一个电脉冲）在参与者做出决定的那一刻之前就开始在他们的大脑中产生了，有时甚至提前了整整1秒。显然，首先是大脑活动，然后是主观的选择意识。这意味着，参与者的微观神经过程导致了按按钮，而不是他们的感觉决定了按按钮。做决定的经验可能只是一种附带现象，一种只在关键的神经过程之后才出现的副现象，就像只有在起火之后才会出现烟雾，而且烟雾永远不会起火一样。

从方法论和逻辑学的角度来看，人们对利贝特结论的这种解释有许多批评意见。然而，即使利贝特结论被完全解释为以上所述内容，也仍然不排除我们的主观意图很重要的可能性。

首先，正如我们将在下一章看到的那样，更高层次和更复杂的心理过程总是比低层次的过程发生得更慢，因为它们涉及更多的低层次过程的整合。但那又如何，难道我们不希望自己大脑中的"智力执行者"在信息收集完毕、决策时机到来之后，最后再来做决定吗？利贝特本人也赞同这个观点，他说，意识过程保留着否决权，别的不说，起码还有自由，他巧妙地将其命名为"自由拒绝"。我们可以决定不做我们要做的事。我们可以决定不按那个按钮，或者不发表尖刻的言论，或者不打开装薯片的袋子。2019 年，大脑科学家马塞尔·布拉斯（Marcel Brass）、心理学家阿里尔·弗斯滕伯格（Ariel Furstenberg）和哲学家阿尔弗雷德·米尔（Alfred Mele）得出了类似的结论，利贝特实验并没有忽视自由意志，部分原因是"决策过程是由参与者在实验开始时形成的条件意图构成的"。利贝特实验的参与者一开始都打算在自己选择的某个时间点按下按钮，然后让他们的大脑选择一个特定的时刻；这样，他们就到达了自己下定决心要去的地方。是的，他们大脑中的无意识过程帮助他们到达那里，但他们的"先验意图"启动了这些无意识过程。

这里有一个关于这种"自我调节"的个人例子，比如，我之前的决定使我的大脑偏向一个特定的方向。我打网球，经常发现自己处于一种不确定下一拍该打到哪里的状态。直到我开始挥拍的那一刻，我才做决定（那时我别无选择，只能决定）。我相信，任何科学数据或模型都不能完美地预测我在每一个这样的时刻会做出什么决定，无论有多少数据都不行。我当然做不到（除非我作弊，做我说过要做的事），其他人也做不到。为什么？因为我的决定是通过我的"网球思维"在那一刻对正确战术的最佳估计做出的，比如，在那一天（"我计划今天练习打短球"），在比赛的那个阶段（"这是决胜局中的重要一分"），在面对对手（"他左右跑比前后跑更快"）时。而我的决定是基于比赛中不断发展的逻辑，即我可能会操纵我的对手进入一个我可以利用的弱势位置（"他在底线的后面，我知道他已经筋疲力尽了"）。我的最终决定（"这是尝试打短球的最佳时机"）是瞬间综合过程的结果，这对我和那一刻来说都是独一无二的。这也是独一无二的一天，因为我自己的"先验意图"是在那天练习打短球（自我调节）。当然，我打的短球可能无法过网。再次强调，决策和决策结果是两码事。

如果一个神经科学家想要宣称我的"击球决定"是由我之前的历史和当前的大脑状态的完整信息预先决定的，并且完全可以预测，他们就必须向我展示数据。但他们没有这样的数据，永远也不会有。到目前为止，还原论者的论证主要是一种允诺性的论证，更像一篇科学信仰的文章，而不是一个已证实的事实。副现象的论证也是如此，它最终依赖于同样的假设，即如果你完全了解人体内发生的微观过程，你就能做出完美的预测。我认为记住这一点很重要。

　　对一些人来说，这整个辩论可能看起来空洞且毫无意义。即使我们的行动和想法是确定的，大多数人也感觉不到。我们思考可能性，权衡备选方案，做出选择，制订和调整计划，并试图从错误中吸取教训。换句话说，即使决定论是正确的，它可能也不会影响我们的日常生活。那为什么不接受呢？毕竟，科学已经解释了这么多，而且每天都在解释更多。为什么不直接承认，有一天，科学将能够完美地提前预测我们将做什么？我是一名试图研究预测行为的科学家，但这些研究总是有很

多错误，所以我明白，这个想法是极好的！

至少有一个重要的理由反对"决定论一定是正确的"：接受决定论可能会给人们的生命带来严重的后果，从而导致一种宿命论和听天由命的感觉。如果我们对事情的结果不负责，甚至不能影响结论，那么仔细思考、付出努力、努力成为一个好人，又有什么用呢？如果一切都是预先确定的，为什么不只是顺其自然呢？假设我们让人们相信，他们完全不能控制自己的任何行为，在生命的任何阶段，他们都不可能做出与已知决定不同的决定。如果他们认为这是真的，那么他们为什么要对尖刻的评论或袋装薯条说"不"，或者对大胆的新生活目标说"是"呢？如果对决定论的信仰使人们无助，怎么办？那些支持并撰写决定论的思想家有时会收到读者的绝望信息，声称他们的人生因为阅读这位思想家的作品而被毁，甚至到了想要自杀的地步。

这些问题为评估决定论意识形态的价值提供了一个实用的标准，它超越了我刚才讨论的科学标准：如果人们获得了决定论这种新信仰，那么他们是受益还是受损？按照科学进步的逻辑，他们应该有所收获。乌云已散，他们沐浴在真理的光芒中。但如果他们遭受磨难，也许他们采纳了错误的信念，这些信念现在可能阻止他们行使本来可以获得的自由。"我不能影响任何事情"的想法会变成"我不会尝试做任何事情"。

我所研究的社会人格心理学领域为研究这类问题提供了严格的实验方法。2008年，凯瑟琳·沃斯（Kathleen Vohs）和乔纳森·斯库勒（Jonathan Schooler）进行了一系列实验，清楚地证明了说服人们相信决定论是真实存在的有害影响。在决定论条件下，参与者首先阅读一篇短文，短文声称"理性、高尚的人，以及几乎所有的科学家，现在都认识到实际的自由意志是一种错觉。为什么我们会有这种错觉？这只是我们思维结构的结果"。在对照组中，参与者阅读了一篇关于模糊性的意识主题的文章，这篇文章没有提到自由意志问题。然后，这两种情况下的参与者使用这种信念的既定测量方法，对他们当时的自由意志总体感觉进行了评估。最后，他们要在一个精心设计的环境中进行数学技能测试，如果他们选择作弊，也是可以的。研究发现：阅读决定论文章的参与者在测试中比阅读一般意识论文的参与者作弊更多。如果他们做出艰难的道德选择的感觉仅仅是一种错觉，那么他们为什么还要努力保持道德，抵制欺骗的诱惑呢？他们还不如拿走他们能拿到的东西。

更有趣的是，在决定论条件下的参与者的作弊行为可以从统计上解释为他们对自由意志的信念较弱，就像他们在阅读文章后测量的那样。换句话说，在决定论条件下的参与者倾向于相信他们读到的东西，而那些对自由意志的较弱信念反过来又预示着更大的作弊行为。A导致B，再导致C。

在第二个实验中，沃斯和斯库勒以不同的方式操纵参与者的信念。参与者阅读15条陈述，并且对每条陈述思考1分钟。在自由意志条件下，这15条陈述都断言人们有自我调节的能力，如"我能够克服有时影响我的行为的遗传和环境因素"。在决定论的条件下，这15条陈述都否认自由意志的能力，如"对自由意志的信仰与已知的事实相矛盾，即宇宙是由合法的科学原则支配的"。还有第三种中立的情况，在对照组中，参与者阅读事实陈述，如"甘蔗和甜菜在112个国家种植"。

然后，实验者要求参与者回答与研究生入学考试类似的问题，并告知他们每答对一道题将获得1美元。同样，作弊也是一种选择。此外，实验者允许参与者（据称是匿名的）自己对照答案打分，然后，拿着应得的钱离开。在决定论条件下的参与者比在自由意志条件下的参与者带走了更多的钱，但不是因为前者正确解决了更多的问题。与第一项研究一样，作弊行为的这些差异可以用这一事实来解释，即在决定论条件下的参与者失去了对自由意志的信仰。

2009年，心理学家罗伊·鲍迈斯特（Roy Baum-eister）、E. J. 马西卡波（E. J. Masicampo）和C. 内森·德沃（C. Nathan DeWall）用同样的方法进一步探索了相信决定论的负面影响。在第一个实验中，在决定论条件下的参与者（与在自由意志条件下的参与者相比）说他们不太愿意帮助需要帮助的人，比如让同学使用他们的手机或给无家可归的人零钱。在第二个实验中，参与者被给予一个微妙的机会，对实验中指定的一个他们不愿见面的伙伴表现出攻击性。在一项被称为"口味偏好"的研究中，参与者看到的"背景"信息显示，他们指定的搭档不喜欢辛辣的食物。然后，实验者要求参与者分配一定数量的辣椒酱。作为味觉测试的一部分，他们的搭档将不得不食用这些辣椒酱（这是攻击性研究中非常常用的方法）。在决定论条件下，分配给厌恶香料的搭档的辣椒酱几乎是在自由意志条件下的两倍（平均 17.8 毫克；在自由意志条件下，平均 9.4 毫克）。也许他们只是想给搭档喂饭？不，两种情况下分配给搭档品尝的奶酪数量没有差别。这告诉我们，在决定论条件下的参与者纵容了一种卑鄙的冲动，导致另一个人的痛苦；而在自由意志条件下的人抵制这种诱惑。也许那些在决定论条件下的参与者讨厌被告知他们无法控制生活，并把气撒在他们的搭档身上。又或许他们只是觉得无法抗拒刻薄的冲动。

许多其他的研究也显示了相信决定论的类似影响，无论是作为一种特征（意味着通常来说，这个人已经相信决定论的教义），还是作为一种状态（意味着实验者刚刚说服了这个人相信决定论）来衡量，结果都是负面的。相信决定论的人，或者被说服相信决定论的人，在事业上的成功概率会更低，在工作上的表现也会更差。他们抵御诱惑和制订未来计划的能力较差；他们缺乏自控力，也缺乏延迟满足的能力。这样的例子不胜枚举。

现在，让我们先把决定论是否正确的问题放在一边（我希望我已经确定，"最后的结论还有待分晓"，我们对决定论存在着"合理的怀疑"）。现在让我们问："决定论信仰系统的潜在吸引力是什么？为什么人们会选择它而不是其他信仰系统？"答案之一是，对许多人来说，这显然是他们不得不相信的"真理"，就像他们不能不相信世界是圆的或 4 + 4 = 8 一样。我爸爸就是这么说的。但也可能有其他因素、过程或力量在起作用。这种信念在决定论者的情感生活中起着怎样的作用呢？它满足了什么需求，或者解决了什么问题？

一种可能是，如果不能用某种精神系统来解释的话，我们所做的一切都能（或者最终会）被科学合理地解释，这是令人欣慰的。在决定论下，我们的行为是有秩序、有逻辑的，即使我们不能理解也无妨。另一种可能是，有些人认为决定论是更明智的立场。他们更乐意认为自己太聪明，不会陷入非科学幻想。或者，决定论让生活变得简单：该发生的就会发生。这类决定论者可能对自己的生活持一种放松、放任的态度，你不能因此责怪他们。或者，我们认为自己对事情的发展没有任何影响，尤其是当事情发展得不顺利的时候，我们总是置之度外。在这里，我们就像托尼：如果我们刚刚错过了决定胜负的一球，决定论让我们摆脱了责任的束缚。

然而，这种信念也存在危险。正如我们所看到的，那些相信决定论是真实存在的、自由意志并不存在的人比那些相信自由意志的人更悲观、更无助、更无效、更无能、更不道德、更漠不关心。这些实验表明，如果相信决定论是一种应对机制，或者是一种增强自尊的策略，或者是一种逃避努力的策略，那么它就不会真正起作用。相反，这可能是一种适应不良或弄巧成拙的策略，这种策略可能会让我们暂时感觉良好，但最终会削弱我们的力量。

尽管如此，事实就是事实，如果决定论是真的，如果这个事实戳破了我们的幻想，甚至带来粗鲁和绝望，那又怎样？有时候真相是痛苦的，但这并不意味着它就是不真实的。也许我们需要清醒地认识到我们仅仅有虚幻的自由意志，这样我们才能超越它，去做更好的事情。不允许一厢情愿；宁可犯错，不可无知。

为了走出这个困境，我们似乎需要一种看待事物的新方式，即一种能够从逻辑上解释心理意图（尽管它们可能是虚无的）如何在宇宙中产生合理的因果效应的方式。这种思维方式也应该解释符号自我——我们感觉自己是"心理上的人"，我们自己的身体机器在闹鬼——的作用。在下一章中，我们将考虑这种思维方式可能是什么样子的。

第二章
人类现实的多层次结构

研究心理学是一个巨大的领域，在自由意志问题上仍然存在分歧。一方面，心理学的目标是成为（其实就是）一门自然科学。也就是说，心理学家提出问题，形成假设，设计测量关键变量的方法，然后客观地分析结果。作为一门科学，心理学在很大程度上接受了决定论的方法："当我们的理论、方法和数据足够完善时，我们将能够理解一切，从而提前预测一切。"客观性是关键，因为它能产生真实的事实（不允许一厢情愿；宁可犯错，不可无知）。

另一方面，心理学也是一门研究目标、意图、决策和执行功能的科学。这些都是充满主观性的心理过程，一旦测量出来，很容易就会对人们的行为和生活结果产生重要影响，正如我在自己的研究过程中所发现的那样。

那么，心理学是如何处理这种分裂的呢？这取决于心理学家研究的"组织层次"。虽然心理学家没有像物理学家那样深入到研究原子的程度，但那些专注于大脑研究的人（包括认知神经科学家萨姆·哈里斯）倾向于将行为描述为由远低于意识的大脑层面的过程决定的。相比之下，研究个性、情绪、态度等方面的心理学家（包括我自己）主要关注个体，更倾向于将行为描述为受到更高层次的心理和主观过程的影响，即我们所做的选择、我们所持的信念、我们调节自我的方式等。

但它还不止于此。研究个体和群体之间互动的社会心理学家，以及研究文化过程的社会学家和人类学家，可以说是在更高的层次上研究。他们倾向于把行为的主要原因看作是涉及群体而不是个体的过程。例如，社会角色理论家可能会说，人们之所以以特定的方式行事，是因为这符合他们在社会中的既定地位，而不是因为他们做出了自由的、有意识的选择。文化人类学家可能会声称，行为可以归结为社会规划："这就是人们在这种文化中习惯做的事情。"似乎每一门与人类行为相关的科学都想声称自己领域存在着最佳答案。这是一种学科"沙文主义"，也是对注意力和资金的一种竞争。

事实上，所有这些观点都有所贡献。作为一名人格科学的研究者，我知道我们的决定、目标和选择是强大的，它们可以使本不会发生的事情发生。但我们的意图肯定不能决定一切。看看我们多么频繁地忘记自己的意图，或者在追求意图的过程中惨遭失败！此外，我们的精神意图并不是简单地漂浮在真空中。它们植根于我们身体内无数的物理过程。它们受到世界上无数社会进程的影响。我们怎样才能同时考虑所有这些因素呢？

让我们从一个不可否认的观察开始：宇宙中除了原子（以及与之相关的基本粒子），什么都没有。真的，就是这么多！原子长期以来一直被认为是组成物质的基本单元，这可以追溯到古希腊思想家德谟克利特，这一点已经被 20 世纪的研究所证实。如果只有原子，那么也许我们唯一需要的科学就是原子物理学。

但看起来，原子并不是故事的结局，因为原子能够相互结合，形成具有新特性的新物质。例如，水分子包含两个氢原子和一个氧原子（H_2O）。与氢和氧两种元素不同，水分子在 $0 \sim 100\,℃$（$32 \sim 212\,℉$）下是液态的；在冰冻状态下，体积会膨胀而不是收缩。为了理解这些新出现的专有名词，我们必须发展一门新科学：化学。

那么，故事到此为止了吗？物理和化学是我们了解人类行为所需要的唯一科学吗？

唉，看来不是。在某种程度上，无论是在古代地球还是在其他星球或彗星上，分子以一种全新的方式相互结合，创造出了生物体。生物体具有许多新的特性，这些特性远远超出了其所涉及的单纯化学物质的特性，即生物体的新陈代谢、生长和繁殖。为了理解这些新的特性，我们必须发明有机化学，研究发生在生物体内和维持生命的新型化学过程。

但事实证明，生物体所做的事情，单靠有机化学是无法解释的。在细胞中，生物体在利用和调节化学过程，以对细胞有利的方式控制它们。为了理解这些过程，我们需要一门新的科学：微生物学。

你们知道我的目的是什么，所以，我们就开门见山吧。图2-1改编自我2004年的书和后来的作品，说明了嵌套在控制系统中的多层次结构，我称之为"人类现实的多层次结构"。这种多层次结构的基本思想并不新鲜。它最早是由奥古斯特·孔德（Auguste Comte）在19世纪提出的。它也以某种形式得到了当今几乎所有行为科学家（以及大多数其他科学家）的认可。但是，当我们在试图理解人类行为原因的背景下审视多层次结构时，我们会发现它仍有许多新的见解有待发现。

图2-1中显示了一个年轻人（我们在序言中称他为托尼）在一场大型比赛中处于紧张时刻（t时刻）。就在那一刻之前，托尼不知道该怎么处理手里的篮球。但在t时刻，他决定出手。为什么？有没有办法解释（最好能提前预测）托尼会在t时刻进行远距离投篮，而不是把球

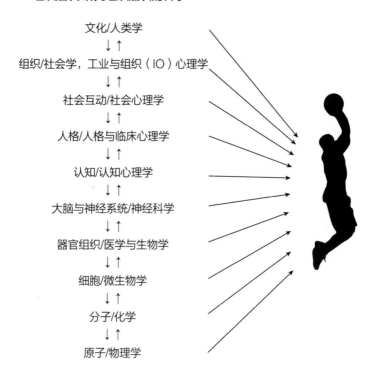

组织层次/研究组织层次的科学

文化/人类学
↓↑
组织/社会学，工业与组织（IO）心理学
↓↑
社会互动/社会心理学
↓↑
人格/人格与临床心理学
↓↑
认知/认知心理学
↓↑
大脑与神经系统/神经科学
↓↑
器官组织/医学与生物学
↓↑
细胞/微生物学
↓↑
分子/化学
↓↑
原子/物理学

图 2-1　人类现实的多层次结构

传给队友的现象？想象一下，科学家拥有你可能需要的所有数据，你能想到的每一条信息都可能与这个场景相关。要完全模拟一个人，从而完全准确地预测他的下一步行为，需要什么样的数据集？

多层次结构图为回答这个问题提供了一个框架。如图 2-1 所示，构成一个人的组织有许多不同的层次，这些层次可以通过"自上而下"和"自下而上"的效应相互关联（由图中的上下箭头表示）。每一层次也可能影响一个行为的产生原因（表现为水平箭头，伸向了托尼的投篮镜头）。

显然，托尼是由原子组成的。记住，只有原子！但我们似乎不太可能把托尼的决定完全归结为测量他的原子（总共 5×10^{27} 个原子）的活动。我们需要的不仅仅是一个箭头，从组织的原子层面一直延伸到篮球的篮筐。是的，如果没有构成托尼的原子，他就无法投篮，但原子主要是支持和约束他，而不是控制他的行为。貌似还有更复杂的东西在原子级别之上进行控制。

这一点已经说明了关于多层次结构的一个重要的普遍原则：在每个新层次上都有一种"功能自治"，它建立在下一个层次给出的基础上。这意味着每一个新的层次都会以一种部分独立于下一个层次的方式影响着世界。换句话说，高级流程不是简单地由低级流程决定的，但如果没有这些低级流程，就不可能产生高级流程。相反，较高的层次可以向下作用，影响较低层次发生的事情。用哲学的语言来说，化学过程伴随着原子过程，也就是说，化学过程叠加在原子的组成过程之上，导致原子做了它们本来不会做的事情。更复杂的事情正在控制不那么复杂的事情。

这一事实的含义之一是，在每一个更高层次的组织中，都需要一个新的科学领域。再次强调，化学是研究分子和化合物的科学，它们是由原子组成的高阶聚合体。化学过程可以控制原子过程，但如果没有原子，化学过程就不能发生。

做个假设，托尼就是一袋化学物质。这是否足以让我们预测他是会投篮，还是会传球？答案同样是否定的。即使我们对托尼体内数百万种不同的分子化合物有了完整的统计，并且对所有这些化合物在 t 时刻的相互作用有了完整的了解，貌似我们也不会取得更大的成果。化合物和分子趋向于向熵⊖的方向移动，也就是说，它们释放出可用的能量，向下移动到更简单的化合物，然

⊖　熵指的是体系混乱的程度，表示任何一种能量在空间中分布的均匀程度。能量分布得越均匀，熵就越大。——译者注

后分解。在这里，我们似乎必须上升到一种新的组织过程，在那里，复杂性以某种方式被创造、被维持，甚至被增长。我们需要跨越无生命和有生命的物质之间、死东西和活东西之间的神秘边界；我们需要考虑活细胞。

在最基本的层面上，人的身体除了细胞（大约 37 万亿个细胞）什么都没有，就像在最基本的层面上，物质除了原子什么都没有。每个细胞都有自己独立的存在，经历着出生、生存、死亡的过程。从一个非常重要的意义上说，我们只不过是由单个细胞组成的巨大的塔，每个细胞都设法与其他细胞共存，就像一栋巨大公寓里的居民一样。

再做个假设，托尼是一个细胞塔。有一个无所不知的微生物学家，完全了解每个细胞当前的功能（每个细胞如何吸收营养、排泄废物、自我保护、繁殖等），并拥有所有细胞的数据，他能提前预测托尼会在 t 时刻投篮（或不投篮）吗？仅仅三个箭头——从原子、分子和细胞到行为，就足以完成我们的图吗？

这似乎仍然值得怀疑，因为 t 时刻发生了其他事情。托尼的感知、思想和情感发生了很多变化；变化发生在他与队友和教练的互动中、人群的尖叫中，以及参赛的两所大学的竞争历史长河中。对于任何一种完整的模型，我们似乎都需要更多的信息。

在微细胞物质的上一个层次，我们发现了器官系统，它是由特殊细胞类型组成的多层次的群体。器官可以使多细胞有机体作为一个整体发挥作用。每个器官系统，作为一个整体，都会做一些细胞被分离时做不到的事情；数十亿细胞共同组成独特的身体机器，为整个身体完成重要的任务。人体包含多种类型的特殊器官细胞，包括皮肤细胞、肝细胞、骨细胞、肾细胞和肌肉细胞。为了了解它们在做什么，我们需要发明新的科学：生理学和医学。

所以，托尼不仅仅是一个微观细胞塔，还是一堆器官和器官系统。如果完全了解他的器官状况，比如他的心脏、肝脏、骨骼，就能解释他投篮的决定吗？看来还是少了点什么。除了最原始的动物，所有的动物都有一种特殊的器官系统，叫作神经系统。神经系统的功能是调节其他器官系统，使它们按设计的方式工作并相互协调运作。中枢神经系统是一个控制系统。它从其他系统接收信息，并使用这些信息来规范这些子系统的操作。例如，自主神经系统调节呼吸、消化和警觉性等关键过程，使每个过程都在其有效功能范围内，并与其他过程保持平衡。

自主神经系统是自动、机械地运作的，它只能做它所做的事情。但在生物反馈研究中，人们通过获取这些过程的瞬时状态的信息来学习调节自主过程，这在一定程度上对这一点提出了质疑。在比赛过程中，托尼的呼吸（加快）、心率（升高）和消化过程（受抑制）都在无意识中受到影响。这些过程有助于解释托尼是如何打篮球的。但自主神经系统无法解释托尼在 t 时刻投篮的决定。

为了更好地理解托尼的决定，我们似乎需要转向大脑的"高级"部分，如大脑皮层，思考和计划的中心。没有大脑皮层，托尼无法做出任何决定。但是，是他的大脑皮层做出了这个决定，还是它只是支持了这个决定？

多层次结构的逻辑表明是后者。大脑是进行信息处理的硬件。但要理解这种信息处理，我们需要在其自身的层面进行思考，具体来说，就是人们如何在心理上对涌入的复杂信息流进行编码，他们如何将这些信息与他们现有的知识、当前的目标和愿望结合起来，以及他们如何利用这些信息来决定下一步要做什么。

抓住这一事实，多层次结构中的下一层组织就是认知，这是认知心理学的研究领域。我们已经跨越了一个重要的门槛，介于野蛮的物质和神秘的心灵之间。但是，最好不要把心灵简单地看作是大脑的副产品。相反，大脑提供了一台计算机（硬件），而思维是运行计算机的软件。有时，有人说："思维是大脑的行为。"但大脑在做什么呢？操控人的大脑就是这样！我们（在某种程度上）是自我编程的有机体。

所以，在 $t-1$ 时刻，也就是图 2-1 中所描述的事件发生的前一刻，托尼的大脑完全投入到比赛中，寻找机会，预测他的队友在下一秒会去哪里，计算角度和距离，并考虑是否投篮。如果托尼打得好的话，他基于对篮球的了解、对自己投篮能力的评估，以及对当时场上形势的判断，或多或少地计算出了这些东西。如果他决定投篮，那是因为，所有这一切不知怎么凑在了一起，让托尼得出了正确的结论，他在 t 时刻的投篮为他的球队提供了赢得比赛的最佳机会。

在这里，我们再次看到了克里斯蒂安·李斯特所描述的构成自由意志的三大能力。一个行为主体能够在那一刻考虑其他行为的可能性（"我可以投篮，或者我可以把球传给我的队友，他正在切向篮筐"），能够形成一个意图（"我要投篮"），并能够采取行动来实现这个意图（跳向空中，同时用手臂和手将球推离自己的身体）。专注于认知的运动心理学家可以潜在地测量决策过程的每个部分，并将这些数据输入一个由实验和现场数据开发的统计模型，从而预测托尼是否会在 t 时刻投篮。这个模型将非常有帮助，比单纯的猜测要好得多。运动心理学家考虑使用这些测量方法的行为，可以帮其在预测结果方面做得最好，肯定比原子物理学家或微生物学家要好。

认知心理学是否达到了我们想要达到的高度？也许不会。假设托尼是一个"投手"，他喜欢在任何时候，从球场上的任何地方投篮。根据托尼的教练和队友的说法，托尼在不该投篮的时候偏向于投篮，错误地认为他的投篮为球队在特定的控球时间得分提供了最好的机会。也许托尼沉迷于投篮时所获得的掌声。他可能对队友怀恨在心，想让他知道他是个更好的球员。或者托尼可能傲慢自大，或者是个自恋狂，无法接受自己没有自己想象中那么优秀的事实。他未来成为 NBA 超级明星的梦想可能也在影响着他投篮的方向。他认为，要想达到那个目标，他现在必须是一个超级明星，以他目前的水平，要在关键时刻进球。

我们已经到达了人格的层次，它可以被定义为一个人内部的思想、情感和动机的特征性组织。所有这三种心理事件都能影响一个人的决策，那是潜在的偏向或扭曲决策，但也是潜在的专注和强化决策。人格过程是人格心理学、临床心理学和精神病学的科学领域。我将在后面的章节中更多地讨论人格过程，因为它是很多"行动"的发生地，在于试图理解人们选择什么和如何选择。

请注意，我们现在已经跨越了多层次结构中的几个门槛：从无生命物质到有生命物质，从有生命的物质到思想，从思想到人格。下一个层次是关于人际关系的，跨越了另一个非常重要的门槛。到目前为止，人类现实的多层次结构只描述了一个人体内发生的状况和过程，包括顶层的人格过程。但本章开头提到的社会心理学家有一个观点：人类是社会性动物，存在于与他人的复杂关系网络中。这些与其他身体（其他人格）的关系可以在很大程度上解释特定身体行为。

例如，托尼和他的教练一直保持着良好的关系。假如他那次考虑的投篮打偏了，再假如教练骂他。在接下来的比赛中，托尼在类似的情况下会选择传球而不是投篮。他已经学会了在多人活动中更好地发挥作用，这是一场大学篮球比赛。

是什么导致了他决策过程中的这种变化？

可能的解释之一是，托尼想取悦他的教练。与教练的沟通改变了托尼的决策参数，导致了一个与以前不同的决定。社会心理学家会研究不同性格的人是如何交换信息的，包括口头的和非口头的；他们如何协商有关地位的问题和解决冲突；人际关系如何影响所发生的一切。社会心理学一直在帮助我们理解许多现象，如社会从众、合作、偏见、利他主义、群体思维等。

尽管如此，社会关系级别的流程并不一定比任何其他级别的流程更占优势。有些人可能非常不顾别人的影响！假设托尼不顾教练的斥责，在球队的下一场比赛中，他仍然进行了一次非常冒险的投篮，而且丢分了，导致他不得不坐在替补席上。是否投篮又一次由托尼来决定，他又一次选错了。由于某种原因，托尼不受教练的影响。

这个例子有助于澄清一个重要问题。某个体和其他个体之间存在着巨大的脱节，这标志着多层次结构中一个非常重要的"相变"。这意味着社会力量不会直接控制我们（如果我们进化成某种超个体的话，也许有一天它们会控制我们）。相反，社会力量只是通过规范、法律、期望、说服等，在不同程度上影响我们。正如我们将在第四章中看到的，那些掌握社会权力的人有时试图让我们认为自己必须按他们说的做，试图直接控制我们。托尼的教练希望托尼认为，他必须按照教练说的去做，尤其是在托尼做了一个错误的决定之后。

不幸的是，从教练的角度来看，他不能直接控制托尼的选择。无论教练说什么，这些选择都是托尼自己的。个人决策者仍然是王道。托尼仍然可以（在比赛中）无视教练的建议，可以在下一个紧张的时刻冒险一试。当然，他可能会为这个决定付出代价，也许他会被踢出球队，但这是他的特权。

在多层次结构的更上层还有更高层次的组织：大集团、公司或机构。公司和企业有自己的内部规范和做法，它们自上而下地影响着公司内部的所有人。但是，再次强调，庞大的团体并不能直接控制其内部的人（这是"疫苗犹豫"⊖研究人员所哀叹的事实）——他们只是激励或提供理由去做组织过程认为重要的事情，而个体决策者可能会遵循或忽略这些东西（风险自负）。这些过程构成了组织心理学家和社会学家的研究领域。

现在回到之前打篮球的例子！如上所述，托尼的团队代表一所大学，正在与另一所大学的团队竞争。大学级别的组织过程可以对球队级别的组织过程产生许多影响，比如，从招募的球员的质量，到教练的工资，再到球迷的奉献精神。也许，由于这些因素的共同作用，托尼所在的球队几乎总是赢。但是，与多层次结构中的向

⊖ 疫苗犹豫是指延迟或拒绝接受安全疫苗接种服务，其伴随疫苗使用而出现。

——译者注

上箭头一致，团队级别的关系和过程也可以对更高级别产生自下而上的影响。如果托尼所在的球队一直表现糟糕，那么这所大学的形象就会受损，它的体育项目可能就无法维持下去了。低级别流程会对高级别流程产生负面影响，无论是在大脑内部还是在团队内部，特别是当它们无法正常运转时，后果更严重。

最后，在图2-1中的最高层，我们发现了文化——一个非常大的群体，他们经历了长期的共同性和社群性，通常基于种族或地理边界。作为一个民族，他们拥有共同的文化传统、规范、惯例等。国家政府通常在不同的文化中提供组织结构（如果有的话）。在集体主义文化中，图2-1中的运动员可能会做出与美国运动员不同的决定。也许他更有可能放弃冒险的机会以符合地位等级，或者促进团队和谐。文化影响是文化人类学家和跨文化心理学家的科学领域。

我希望你明白，为了更好地预测一个人的行为，我们需要从组织的所有这些层面获得信息，并且必须从每个层面分别获取这些信息。了解人们的精神生活（他们在这种情况下的意图）会有很大帮助。但即使有详尽的先验信息，我们也可能永远无法 100% 准确地预测行为。是否投篮是托尼在 t 时刻的最终决定，就像我在网球比赛的关键时刻是否选择吊球一样。见多识广的观察者可以预测出托尼或我可能会做什么，其准确率远远高于随机预测的准确率，但这类观察者永远无法事先完全确定地知道。

在下一章中，我们将开发一些概念性的工具来理解高层次的过程是如何影响低层次的过程的——我们的心理意图如何能够对我们的身体行为产生不可减少的影响。我们会看到我们真的是在"驾驶生命之车"，不管是好是坏，这是我们的功能，即使我们做得很糟糕，我们也会情不自禁地执行。

第三章

自由意志的来源

　　人类的人格过程发生在物理宇宙中一个非常高的组织层次上，并在令人眼花缭乱的生物机械阵列之上进行了分层。我们的大脑和身体其他部分的状况，比如胃黏膜的收缩、皮质醇在血液中的释放，告诉我们作为符号自我所做的决定，告诉我们是饿了还是害怕了，激励我们吃松饼还是远离某条响尾蛇。我们把符号自我所做的事情称为人格过程，比如做决定或制定策略。正如多层次结构理论所暗示的那样，自我依赖于来自身体较低层次的输入来通知这些过程。然而，当我们真的伸手去拿松饼时，或者，我们知道马上要去吃晚餐但决定不吃时，是我们的大脑在做决定。思想是如何控制身体，让身体按照思想的意愿行事的？换句话说，自由意志的来源是什么？要回答这个问题，我们需要进一步解锁多层次结构。

～

原子活动的速度快得难以想象，每秒钟发生数百万次相互作用，其中包括以光速运动的微小粒子。在分子水平上，随着不同元素的结合和重组，活动变得越来越慢。细胞过程甚至更慢，依赖于生命系统内细胞膜的扩散和物质转运等过程。器官的消化、血液的流动等过程也更加缓慢。这种在更高层次上运作缓慢的总体趋势，通过大脑继续发展，最终进入组织链，首先是我们与他人的关系，然后一直到组织链的顶端，那里的文化演变和变化是最慢的。

鉴于组织的每个新层次都是建立在低于它的层次之上的假设，这种总体趋势只是我们所期望的。下面的层次提供构建模块，但上面的层次进化到了根据自己的规则来组织这些模块。然后，下一层将得到的模块组织起来，以此类推，直到组织链的顶端。例如，细胞组织了数万亿种不同的化学物质；器官系统组织了数十亿种不同的细胞；思想组织了数百万种不同的神经元；大公司组织了数千种思想。每个更高的级别比它下面的级别工作得更慢。在漫长的进化过程中，每一个更高的层次都出现得更晚。

所以，我们可以看到，为什么还原论者如此倾向于向下层看的方式来寻找有关行为的解释。根据还原论，一些更基本或最基础的东西与一些更快的东西，解释了一些更慢和更复杂的东西。例如，细胞过程解释了器官过程，或者大脑过程解释了认知过程。有时，这种解释确实是正确的。例如，在镰状细胞性贫血中，循环系统无法向其他器官系统输送足够的氧气，可归因于循环系统的一个重要组成部分——红细胞的问题：由于红细胞呈镰状，无法携带大量氧气。

镰状细胞性贫血的例子说明了一个非常重要的事实：当一个较低层次的系统未能发挥其应有的作用时，还原论解释往往最适用。血细胞畸形使循环系统无法正常工作；或者，大脑受损使人无法有效思考；或者，团队中的一名球员以自我为中心，破坏了多主体团队的功能。换句话说，当某件事出错时，较低层次的还原论解释通常是最相关的，否则，较低层次的解释倾向于附和并支持上层的活动。

让我们考虑一下脑损伤问题。1966 年，查尔斯·惠特曼（Charles Whitman）刺死了他的母亲和妻子，然后爬上位于奥斯汀的德克萨斯大学一栋大楼的楼顶，在那里，他又开枪打死了 14 人。惠特曼本人随后被当场击毙，并被尸检。结果人们发现他的大脑里长了一个大肿瘤。肿瘤是否使他的行为不受控，从而免除了他的责任？根据多层次结构理论的逻辑，这两个问题的答案都是肯定的：支持惠特曼决策的较低层次的大脑系统受到了损害，因此他在犯下谋杀罪期间无法理性地考虑和评估备选方案。所以，他失去了李斯特自由意志模型的一个关键组成部分。这样的人应该受到约束和治疗，而不是惩罚。

一些对自由意志持怀疑态度的人会说，从惠特曼的脑瘤到他的可怕行为的一系列原因，在原则上与导致任何人的大脑做任何事情的一系列原因没有区别。但是，这些怀疑论者是如何侥幸地把我们都变成大脑受损的生物的呢？轻率地将异常特质和正常功能等同起来似乎太过极端。因此，一些哲学家提出，自由意志和责任只有在人们拥有他们需要正确选择的大脑系统时才适用。在这个观点中（我同意这个观点），行为的因果关系只有在较低级别的系统失败时才可以还原为较低级别的因素。否则，行为通常由更高级别的系统控制，并且该系统必须对行为负责。

这一点把我们带到了还原论观点的另一面：整体观点。研究人员和理论家采取整体观点，从多层次结构中寻找答案，锁定那些指向下方的因果箭头。某些较高层次的情境包含或引入了需要解释的现象，将其结构强加于较低层次的过程。例如，为什么我和我的邻居在2021年初写这些文字的时候都待在家里？因为我们的社区正在与冠状病毒做斗争。为什么托尼的身体会在 t 时刻飞向空中？因为，在他看来，他刚刚决定投篮。为什么某支球队会赢得联赛冠军？因为他们作为一支球队配合得很好，不仅仅是个人球员和天赋的总和。这些都是整体性的解释。

也许你看过 2020 年的系列纪录片《最后之舞》（*The Last Dance*），它讲述的是迈克尔·乔丹和芝加哥公牛队在 20 世纪 90 年代统治了职业篮球界。这部纪录片表明，芝加哥公牛队的成功不仅仅是因为迈克尔·乔丹；这支球队的全体成员都促成了它的成功。在教练菲尔·杰克逊（Phil Jackson）和狡猾的总经理杰里·克劳斯（Jerry Krause）的精心安排下，每个球员都被分配到不同的角色，他们自愿而有效地扮演着自己的角色。他们创建了更高级别的系统。这些系统"向下延伸"以整体影响较低级别流程的操作条件和成功（团队的发挥）。

还原论通过阐明支持和实现有趣现象的更基本过程，在科学上获得了巨大的回报。可以说，还原论在历史上一直是科学的主宰，甚至在今天仍然如此。但整体理论也带来了重要的好处，它有助于解释大规模模式如何对组成它们的小规模过程产生自上而下的影响。然而，整体理论总是受到还原论的威胁，因为它不那么简约且不那么简单，而且坚持考虑更多且更复杂的因素。还原论者问道："我们真的需要这样做吗？这些复杂的因素最终能被还原为更基本的因素吗？"也许公牛队的成功真的都要归功于迈克尔·乔丹，所以我们不需要考虑球队层面的因素。或者，托尼的决定真的是由微观层面的大脑过程决定的，与他做决定的经验无关。

考虑整体（自上而下）效应的一种方法是借鉴"涌现"的概念。涌现特性是功能系统所表现出来的特性，而系统的任何单独部分都无法表现出来，只有当系统作为一个整体运转时，它们才会出现。涌现特性的例子数不胜数。例如，湿性是在特定温度范围内大量水分子聚集的一种涌现特性；行为是生物的一种涌现特性，在其所处的环境中运作；认知是人类大脑的一种涌现特性，模拟该环境；做出选择是人类人格的一种涌现特性，决定要做什么；一支球队的出色表现是一种涌现特性，由独立的球员共同发挥出来。此外，行政领导是制度层面过程的一种涌现特性，而政府是国家层面过程的一种涌现特性。

下面以一家制造公司的 CEO 为例。她是一个颇具个性的人，已经升职到能够控制公司决策的位置。换句话说，通过公司的"细胞"构建过程，即通过个体员工的协同工作，这位女士已经出现在公司组织的顶层，现在，她为公司做决定。

假设这位 CEO 行使她的职能自主权，决定关闭一家目前表现不佳的制造工厂。这一决定产生了很大的影响，在公司的队伍中造成了很大的混乱，并使工厂所在城镇的失业率大幅上升。因为她控制着公司的运作，所以，她可以影响公司内部数千人的日常生活，以及每个人体内所包含的数万亿个细胞和数以百万计的原子。我们还要注意这个组织链的两个层次的相互依赖性：没有公司，就没有 CEO。可一旦 CEO 出现，她就会对公司的运作及公司内部的所有人产生自上而下（或整体）的影响。

如果 CEO 关闭工厂的决定是错误的，她的公司可能会受到影响。也许她会因此被公司的最高层（也就是董事会）解雇。尽管如此，当她在高管办公室时，她就是那个为公司做出选择的人。她可以随意搞砸公司！同样，如果我们做出糟糕的选择，我们也可以自由地毁掉我们的人生。

然而，重要的是，任何级别的组织都可以影响行为，甚至一个质子在原子层次上的随机衰变也可能影响一个人的行为。比如，一瞬间的神经兴奋如果被放大，可能引发潜意识的瘙痒感，进而导致人的抓挠行为。在多层次结构的顶端，一种文化规范或期望可能会影响该文化中的一个人做决定。例如，"嫁给我父母让我嫁的男人"。

某个层次是否对行为有影响，在很大程度上取决于行为的性质。从器官系统的层面来说，吃零食的最好解释可能是胃产生的饥饿感，或者更低层次的解释可能是肌肉细胞中的低血糖。但事实并非总是如此。也许吃零食可以更好地解释为一个人想要逃离无聊的短暂欲望，这是一个发生在更高层次上的人格过程。

也许这些区别看起来颇具学术性，但它们对我们如何评价行为和试图改变行为有着实际的影响。寻求精神治疗的人很可能受到更高层次过程的影响。例如，针对在人格层面上对生活的不满、配偶在社会交往层面上的催促，甚至在社会层面上的法庭秩序，精神科医生可能会建议采用"谈话疗法"来帮助病人改变导致他们不满的事情（或者改变他们对这些事情的看法）。但也许导致某人痛苦的原因真的潜藏在层次结构的更下方，是由神经递质的不平衡造成的。在这里，精神科医生要解决这个问题所需要做的就是开出正确的药方。当然，在大多数情况下，层次结构中的多个因素都在起作用。你可能因为有点饿（就器官系统而言）和有点无聊（就性格而言）而走向零食柜。你可能会感到抑郁，因为你在工作中没有成就感（在组织关系层面），也因为你有发展成临床抑郁症的遗传倾向（在细胞层面）。

每个人都是独一无二的，每种情况都是独一无二的。如果我们能够收集到足够的数据，了解每个人在每个时刻发生了什么，并开发出一个足够复杂的预测模型，那么，也许我们就能很好地预测人们接下来会做什么。但我们永远无法完美地预测人们接下来会做什么。

要得到这样的模型，我们需要在多层次结构中往下走多少层？一般来说，这是一个经验问题——收集数据，然后找出哪些部分最重要。但是，正如我们在第一章中所看到的，以理查德·道金斯提到的汽车为例，我们通常会发现，我们越往下走，与感兴趣的现象的直接关联就越小。这是因为基本的构建模块距离行动太远了。它们是背景的一部分，不是前景的一部分（再次强调，除非它们发生故障）。

让我们回到托尼选择是否在 t 时刻投篮的问题上。现在应该很明显，我们可能不需要借助粒子物理学家或化学家的帮助来理解托尼为什么要投篮。我们可以考虑托尼的器官或神经过程，这样有可能得到一些启发，但可能不会有太大影响（再次强调，除非它们发生故障）。相反，认知科学、人格科学和社会心理学最能解释他的行为。即使是试图在神经元层面建立认知模型的神经科学家，也需要认知类型和人格类型的理论来了解如何对组织和控制神经元的高级过程进行概念化和建模。如果没有心理意图的概念，微观层面的神经过程就没有什么意义，至少就解释宏观层面的行为而言是这样。

在谈论多层次结构时，我们忽略了它最奇怪的一个特征。在非生命物质中，复杂的化合物倾向于分解成更简单的化合物，无序性增加这个过程叫作熵增。但生物恰恰相反，直到死亡的那一刻，它们都保持着高度的秩序，这叫作负熵。在负熵中，复杂性被保持甚至得以增加。在正常运转的人类身体中，这是极不可能的事情，也绝不会随机出现。人体之所以能够运转，是因为身体中的每个系统都能为整体发挥作用：从生物化学，到细胞，到器官，再到神经系统、大脑和人格过程。我们复杂得令人难以置信，我们设法在 70 年、80 年，甚至比 90 年更久的时间里继续前行，与混乱和死亡的持续拉扯做斗争，只为多活一天。事实上，应对挑战的过程加强和改善了相关系统，就像儿童的免疫系统通过接触新的病原体学会了更好地对抗疾病一样。根据诺贝尔化学奖得主伊利亚·普里戈金（Ilya Prigogine）的说法，生命系统"耗散熵"：也就是说，生命系统通过多样化的功能来应对这些威胁，从而中和当前组织面临的威胁。它通过适应挑战而得到成长，变得比以前更复杂。

那么，生物体是如何应对和耗散熵以适应和生长的呢？它们如何更普遍地行使自由意志？这些都是非常复杂的问题。但最简单的答案是：通过控制事物来实现。

控制理论和系统的科学是庞大而复杂的——从计算机科学，到工程，再到医学和心理学。它建立在两个简单而有力的理念之上：负反馈和正反馈。

一般来说，负反馈意味着利用信息来减少系统标准与其现状之间的差异。该系统能够检测到偏离设定值或标准的偏差，然后启动旨在消除偏差的流程，使系统回到稳定状态。我们身体的所有系统都以这样或那样的方式使用负反馈以保持内稳态（或动态平衡）。例如，细胞膜通过打开和关闭离子通道，在狭窄的范围内维持细胞内部的化学组成。腺体调节血液中各种激素的水平。在技术上，恒温器、巡航控制系统甚至导弹制导系统都遵循类似的逻辑工作：当系统开始偏离轨道时，它就会恢复正常。

负反馈过程通常采取 TOTE 循环进步模式。TOTE 是乔治·米勒（George Miller）和他的同事在 1960 年首次提出的术语，代表"测试 – 操作 – 测试 – 退出"。设定目标后，监控系统会"测试"差异。如果检测到差异，一个单独的系统"操作"可以帮助解决问题，然后监控系统再次"测试"。循环继续，直到没有更多的差异，之后系统"退出"该进程。

TOTE 循环进步模式在意识水平以下的整个身体自动运行。我们脑干中的自主神经系统调节着我们器官系统内部（或之间）的状况：皮肤、胃、血液、体温等。

每个器官系统中都有一些子过程，人体通过这些子过程来监测和调整功能。在微生物的层面上，每个细胞都在不断地采取行动来调节和保证自己的状态——TOTE循环进步模式一直在起作用。

就我们的生理机能而言，自由意志并不是因素之一，因为TOTE循环进步模式是自动的，像机器一样运行。我们甚至不清楚，"自由意志"在这些低层次的结构中意味着什么。但大脑（控制身体行为的系统）并不能调节酶、温度、心率等参数。相反，它们在操纵信息。信息处理系统的特性超越了构成其物理系统的特性。

为了说明我的意思，下面讲一个真实的故事。刚才我挠了挠耳朵，因为有一种细微的痒感。我潜意识里的目标是消除瘙痒。这个目标是通过微观层面的TOTE过程来实现的。它可以调整抓挠，直到它击中正确的目标（缓解瘙痒）。稍后，我写下了一个目标："想一个具体的例子来说明我想要表达的TOTE循环进步模式的通用要点。"问自己这个问题促使我的潜意识去寻找可能的答案，它给我提供了几种可能性，其中之一就是瘙痒和抓痒的小插曲。读者们现在读到这个内容了，因为我把它写进书里了。

我的主要观点是：思考是一个 TOTE 过程，就像细胞调节是一个 TOTE 过程一样。思考就是首先设定一个目标或标准（"那个女演员叫什么名字？"），然后尝试减少预设目标（"知道名字"）和当前状态（"不知道名字"）之间的差异。在挠痒痒的例子中，我的有意识的过程引导我的潜意识思维为我提供一系列备选方案。我不得不这么做。然后，我选择了其中一个选项，继续写作。

TOTE 过程在这个层面完美地体现了李斯特对自由意志三大元素的定义：一个行为主体能够考虑备选方案、形成意图和实施行为。我的行为是由我的神经元引起的吗？瘙痒感几乎可以肯定是（包括我皮肤上的神经），无意识抓挠也是如此。但是，我决定把这件事写进书里是我的选择，而不是我的神经元的选择：我运行我的神经元（如果它们正常工作的话）至少和它们运行我一样多。

另一个有趣的事情是，关于我自己的 TOTE 过程的目标或标准，即"找到我的精神系统或身体系统执行TOTE循环进步模式的良好底层示例"是我以前从未想到过的心理过程。这是一个新颖的、很可能是一次性的目标，它出现在我每时每刻都在引导自己所嵌入的精神活动的过程中。这就是我们的自我组织心理系统的神奇之处：当我们问自己从未问过的问题时，它们可以被重新定位或重新编程。例如，"上星期四，我在图书馆拿的那本书叫什么名字？嗯……哦，是的，亚瑟·凯斯特勒（Arthur Koestle）的《机器闹鬼》（*Ghost in the Machine*）。""为什么我不喜欢那个电视节目？嗯……因为表演太呆板了。"

怀疑论者可能会问："当我们不了解TOTE循环进步模式的构成因素时，怎么能说这种心理过程具有因果力量呢？"毕竟，心理意图是建立在我们的原子、细胞和大脑中发生的无数事件之上的，而我们对这些事件一无所知。

我的回答是，这种无知根本无关紧要，只要这些过程没有导致我们做一些我们不会同意的事情就好。同样，这只有在低层次系统出现故障时才会发生（如查尔斯·惠特曼的肿瘤驱动他开枪射击）。

简而言之，人类的决策者不必无所不知，知道影响自己决策的每一个因素；他们只需要能够随着对情况了解得更多而做出调整。对于负责为公司做决策的 CEO 来说，情况也是如此。他们并不了解自己管理的公司的一切，也不可能对公司无所不知，他们只是掌握了非常多的信息。但是，他们可以根据需要找到更多的问题，并解决所发现的问题。

负反馈（采取行动减少差异，或者保持稳定状态）只是故事的一半。正反馈也很重要。这并不是说，要像我们在日常互动中所认为的那样表扬别人，但这其中是有联系的。有了正反馈，差异会被放大而不是减小，因此系统会远离而不是回到昔日的状态。以分娩为例：刚开始比较缓慢，但随后会通过正反馈而加速。首先，孩子的头部对宫颈施加压力。宫颈的受体细胞向大脑发出信号，导致血液中催产素的释放。回到宫颈，催产素刺激更频繁，子宫更强烈地收缩，进而导致催产素进一步释放，以此类推。然后，维持这种动态，让孩子顺利出生。注意，这里包括了自下而上和自上而下的过程：宫颈对调节它的大脑有着自下而上的影响，之后大脑自上而下地影响宫颈，然后宫颈进一步影响大脑，以此类推。

正反馈是如何在人格和认知层面运作的？在这里，表扬可以发挥作用。例如，学生或孩子建立了新的心理联系，而老师或家长的表扬可以帮助奖励和巩固这一进步。创造性的过程提供了另一个行动中正反馈的好例子。艺术家（或科学家）正在寻找一个新创意，并在特定的见解或方法中发现一丝可能性。然后，他们利用这种洞察力，试图进一步探索它尚未被发现的含义。他们正在乘风破浪，朝着尽可能远离自己现状的方向前进。在此过程中，他们可能会与负反馈标准做斗争（谨慎行事，不要冒险，回到你开始的地方）。但如果他们有勇气，就可能会发现全新的科学理念或艺术产品，甚至是被他人广泛使用的产品。

这里还有一个正反馈的例子：我写这本书的过程！起初，我不愿意提笔，因为自由意志的概念是如此令人困惑和费解，而且因为有那么多人已经写过关于它的文章。在新冠疫情暴发初期，一天早上，我写了第一段文字，我觉得挺好，我受到了足够的鼓舞，立志继续写下去。随着时间的推移，我越来越受鼓舞。一年半以后，我基本上完成了读者手中捧着的这本书，这是一个全新的智力产品，任何科学理论都无法预测，当然也不可能预言书中章节和单句的水平。是的，我爸爸可能已经预见到我最终会写一本关于自由意志的书。但他（或者任何人）不可能预测到书中确切的话！

正反馈和耗散系统的概念为理解"最佳功能"或"自我实现"创造了一种深刻的进化思潮的可能性。这种精神或基本指导原则指出，当我们最大限度地耗散熵时，我们就处于最佳状态，即利用威胁和压力源作为提示和灵感，发展更复杂和更有创造性的运作方式。此外，当我们能够"乘坐正反馈列车"创造新的复杂性时，我们的人生达到了最佳状态，不仅表现在我们自己身上，而且体现在我们所嵌入的更大系统中。伟大的艺术家、作家或发明家，其成就的影响远远超出了他们自己的生活，进入了更广阔的文化领域。例如，已故民谣音乐家约翰·普林（John Prine）就把自己的焦虑转化成了歌曲。他做到了，他为更广阔的世界做出了贡献，感动了所有认识他和他的音乐的人。

我们不仅可以将这种精神应用于个人，也可以应用于整个社会。一个社会能带来最大限度的人性、文化、创新和进步吗？我认为，主要的决定因素是社会如何对待其最宝贵的资源，即每个成员的潜能。在一个理想的社会中，没有人的潜能会被浪费，每个人都能得到最大限度的发展，这样社会就能从每个人身上获得潜在的创新（谁的贡献最大，是无法提前知道的）。不幸的是，在当今世界的社会中，大量的人类潜能被浪费了。太多的孩子没有得到茁壮成长所需的东西。如果我们不抛弃那么多生命呢？

那么，在多层次结构中，我们称之为"我们"的东西在哪里呢？"自我"在哪里？答案是在组织的人格层面。自我存在于一个充满故事和叙事的精神世界中，对自己大脑机制中正在发生的事情一无所知。自我负责为身体做出选择和认可选择。在这个过程中，自我或多或少地调节和控制着自己的身体。比如，我们的睡眠充足吗？我们锻炼了吗？我们找到有价值的活动了吗？

自我也存在于他人自我的世界中，通过自己的选择和决定，或多或少地有效地在这个社交世界中运作。正如多层次结构所显示的那样，我们会受到他人的强烈影响。但是，决定下一步该说什么和做什么，总是"取决于我们自己"。当我们的选择不奏效时，我们要寻找是哪里出了问题。托尼的情况再次提供了一个很好的例子：当他选择是否投篮时，他与教练和队友的关系肯定会影响他的选择。但他也可以随意忽略这种社会环境，忽略他认为教练会让他做的事情。

关键是要理解，瞬间意识的自我处于人类现实的"交叉点"，它介于下面所有的生物学和上面所有的社会学之间。我们真的是一边做一边编！我们在多层次的人格层面上找到人类现实的主要组织原则，这是有道理的，因为这个层次的进化是为了控制我们每个人与生俱来的复杂的生物计算机。我们的行为受到我们自己所做的决定和形成的意图的强烈影响。并非我们所有的意图都是有意识的，我们经常不自觉或自动地做事情，没有经过思考。但自我主要是在有意识的、可言语的意图层面上运作的，如"我想我要做某事"。如果我们专注于自己，做出真诚的努力，并试图从错误中吸取教训，那么，我们不可剥夺的选择能力就会赋予我们过上丰富而充实的生活的力量。我们现在开始深入研究人格心理学，并更好地理解它的运作模式。

If We're Free, Why don't
We Feel Free?

第四章

如果我们是自由的，
为何我们感觉不到呢？

我希望，我已经开始让你相信，我们积极生活的感觉并不一定是一种错觉。我们每天甚至每时每刻都在做选择。事实上，我从来没有看到过一个关于为什么进化会赋予人类新陈代谢上的昂贵能力的绝美论证。让我们想象自己是掌管一切的精神主体，具备创造、生活在其中，并部分导演如此复杂的内心电影的能力。如果我们实际上并没有掌管一切，至少在某些重要的方面就是如此呢？如果投资没有回报，那将是对能源和处理空间的巨大浪费。而进化通常不是这样的。

但如果我们总是可以自由选择，那么一个重要的问题就出现了：为什么我们有时会感到如此受控制？为什么我们花那么多时间做我们不想做的事，却花那么少时间做我们想做的事？为什么我们有时会被生活、环境甚至我们爱的人所左右？

带着这个问题，我们进入了自我决定理论（SDT）的研究领域，它是世界上最全面的、得到最充分支持的人类动机理论。SDT 已经发展了 50 多年，而且仍在蓬勃发展（将会有来自世界各地的数百名研究人员参加 2023年的国际 SDT 会议）。SDT 是一个很庞大的理论体系，包括 6 个"小理论"，我不会赘述这些小理论的所有细节，但在本书中，我们已经涉及了其中 5 个小理论，希望没有带给大家太多的阅读负担。我在本章的目标只是概述 SDT 思考人类自主性的主要方式，并解释一些得出这些结论的研究。我还会解释为什么自主和自我决定的感觉对我们的健康、效率和幸福如此重要，即使这种感觉"只是一种错觉"，就像决定论者坚持的那样。

SDT 始于 20 世纪 60 年代末和 70 年代初的爱德华·德西（Edward Deci）的开创性研究。德西还是研究生时的研究课题是工业与组织（IO）心理学。IO 心理学的一个基本假设是人们为了报酬工作。因此，做某件事获得报酬总是比没有报酬更有动力。人们做某件事获得报酬越多，他们的动力就应该越大。简单来说，这就是操作行为主义，遵循伯尔赫斯·弗雷德里克·斯金纳（B.F.Skinner）的操作性条件反射理论，即认为动物（包括人）重复他们得到正强化的行为，或者他们得到大量正强化的行为。行为主义认为，如果我们在做了一个特定的动作后，从环境中获得了理想的奖励（如金钱），我们就应该通过刺激与反应的联结，在机械条件下再次做这个动作。

德西对这个想法有些怀疑。如果他能证明，人们得到的奖励越多，他们的积极性就越低，会怎样呢？如果在某些情况下，金钱实际上是一种惩罚而不是一种奖励，会怎样呢？从定义上看，惩罚是指任何能够减少重复前一行为可能性的刺激。假设你对某人微笑，那个人却对你皱眉。如果你不再对那个人微笑，那么，此人的皱眉（刺激）行为就是在惩罚你的微笑行为，减少了微笑再次出现的可能性。通常，惩罚（比如，皱眉）会让人感觉不愉快，这就是为什么人们会尽量避免重复那些导致惩罚的行为。如果金钱可以作为对某些行为的惩罚，这不是很讽刺吗？

德西决定将他的假设付诸实践，并设计了一套巧妙而具有颠覆性的实验。他选择了一种当时非常流行的拼图，也就是索玛拼图。索玛拼图由 7 个色彩缤纷、形状不规则的拼块组成，它们可以拼在一起，形成一个立方体。从数学上讲，索玛拼图是后来出现的魔方的简化版。然而，魔方比较难，挑战在于如何安排色彩；而索玛拼图的 7 个部分完全分开，挑战在于如何将它们重新组合在一起，但并不总是组合成一个立方体。还有一些特殊的索玛拼图，比如，在看到这些形状的图片后，尝试将 7 个独特的碎片组装成各种更大的形状。人们天生喜欢玩索玛拼图，它在当时非常受欢迎。德西想知道他是否能扼杀这种乐趣。

在实验研究中，德西安排了两个条件，将每个参与者随机分配到其中一个条件当中。在第一个（中性对照）条件下，参与者只需要花几分钟"尝试一些拼图，看看是否喜欢这些游戏"。5 分钟后，实验者离开了，据说是为了复印一份最终的调查报告，他告诉每个参与者，在等待的时候，他们可以做更多的索玛拼图，或者看一些杂志（现在，参与者只要拿出他们的手机就可以阅读杂志了）。许多参与者在"自由选择"期间继续玩这些拼图。德西在他们不知情的情况下，通过单向窗口给他们计时。为什么有些人不想继续玩下去，而是读一本无聊的杂志呢？德西之所以选择这款游戏是因为它具有让人上瘾的特性。

在第二个条件下，参与者在一开始就被告知，他们每拼好一个索玛拼图就可以获得 1 美元，最多可以拼好 5 个索玛拼图。两个条件的唯一区别是：第二组参与者知道他们可以通过拼图赚钱。

在第二个条件下的自由选择期间，所发生的事情正如德西所预测的那样：与没有被告知可以赚钱的参与者相比，那些知道自己可以通过拼图来赚钱的参与者平均花费更少的时间来拼额外的图形，却花费更多的时间翻阅杂志。正如作家阿尔菲·科恩（Alfie Kohn）后来所说，他们受到了"奖励的惩罚"。当轮到他们自由选择的时候，他们选择不再玩了。

德西在解释他的发现时，采纳了 20 世纪 60 年代出现的一个激进的新观点：行为可以有内源性动机。这意味着做一种行为本身就是一种奖励，它很有趣，也能激发人们的兴趣，而且人们不需要通过外部奖励和代币来强化这种行为。内源性动机行为是指当人们要做自己想做的事情时，人们选择去做，如在周末放松、去度假、庆祝狂欢节。今天，内源性动机的概念几乎被普遍接受，甚至在非人类动物中也很容易看到，只要在YouTube上搜索"好奇的猫"，你就会明白。大脑越大，它的内源性动机就越多，它就"玩"得越欢。

但在20世纪60年代，内源性动机是一个激进的想法。从20世纪50年代到60年代（在所谓的认知革命之前），心理学家们对人们"移动自己"或"指导自己"的观点感到不舒服。研究心理学还没有达到这么高的层次，它甚至还没有达到认知层面。研究人员在他们的解释中更倾向于还原主义，更不愿意接受"心灵主义"的解释。作为还原论者，他们经常把主观经验看作仅仅是副现象。因此，他们认为主观经验永远不可能是未来事件的原因；它们只是过去事件的影响，只是事件链上的死胡同。

根据20世纪40年代和50年代的驱力和行为主义理

论，我们行为的真正原因必须是物理因素（一个人的生物内驱力）和历史因素（一个人的条件作用）的某种组合。这些都是根据"某个动机 = 内驱力 × 某个习惯"的公式整理出来的。这个公式说的是，我们的动机只是为了减少我们的生物内驱力，比如对空气或食物的渴望。这些内驱力会随着时间的推移而自然积累起来。我们的动机主要是用过去有效的方法来做这件事，也就是说，我们已经养成了条件化的"习惯"。一个饥肠辘辘的大学生不断地回到一个特定的零食机器上取食物，而一个游泳运动员则不断地回到水面呼吸空气。德西的实验有助于解释的问题是，驱力理论公式无法解释人们做的大多数事情，如看电影、上课、散步或骑自行车，或者与其他人交谈。尽管人们试图对公式进行大量修改，试图解释这些事情。但结果是，驱力理论最终被摒弃了。

今天，我们知道内源性动机是真实存在的，而且非常重要。自主探索和玩耍是人类学习和发展的主要因素。我们的好奇心比其他任何东西都更能促进深入和持久的学习，我们得到的分数或表扬无法取代我们的好奇心。作为孩子，我们的大脑一直是空的，直到我们对这个世界产生兴趣并参与其中（抓住手指，摇拨浪鼓，学会走路，与人交谈）。一个主观主体（即我们每个人）必须想要利用大脑来开发这些能力。从这个意义上说，内源性动机是人类头脑中基本组织冲动的有形表达，其中包括我们探索世界的内在欲望。有了内源性动机，我们几乎可以做任何事。没有它，我们可能就像一架无人机，就像在 20 世纪 40 年代和 50 年代的行为主义研究中所说的啄食钥匙的鸽子一样。

德西最大的贡献是表明内源性动机是脆弱的。也就是说，内源性动机很容易被"破坏"。如果有权势的人开始用奖励来塑造我们的行为，试图让我们做他们想做的事，我们会注意到：这让我们感到不愉快，甚至可能导致我们对过去很有趣的事情失去兴趣。换句话说，如果我们从自己的角度评估这种情况，并判断这种奖励是为了胁迫我们，那么，我们可能会失去内在的动力。这就是 SDT 的第一个小理论：认知评价理论。

试想一个男孩，他喜欢在家弹钢琴。他甚至自学了一两首曲子。然后，他会接受一系列的课程，由他的父母制订日程和强化计划。定期的练习时间得到安排和监控，从而确保花在课程上的钱是值得的。孩子的零用钱与他的练习挂钩。最终的结果是，在很多情况下，孩子会固执己见，永远失去对音乐的兴趣。

这种破坏甚至可以持续多年。2019 年，我和阿伦·莫勒（Arlen Moller）发表了一项研究，我们调查了 348 名密苏里大学的前校队运动员，直到他们毕业 40 年后的经历。我们的问题是他们是否还在参与这项运动，或者至少还在关注和关心这项运动。我们比较了两组前运动员：一组是在大学期间获得体育奖学金的运动员，这意味着他们已经支付了教育和生活费用；另一组是没有获得奖学金的运动员，即所谓的"替补队员"。

似乎可以肯定的是，获得奖学金的运动员在大学时对他们的运动更认真，也更擅长这项运动。按理说，他们今天应该对它更感兴趣。但在德西关于索玛拼图的早期发现的指导下，我们做出了相反的假设：那些拿着运动奖学金上学的人，其当前的内源性动机（根据其感受到的乐趣、对运动的兴趣和参与程度来衡量）要少于那些没有运动奖学金的人。对于获得运动奖学金的人来说，他们的有偿身份可能会永久地影响他们的运动体验。

这正是我们的发现：前奖学金运动员目前对这项运

动的内源性动机明显少于前替补队员，他们对参加这项运动甚至观看这项运动的兴趣更少。甚至在几十年后，为外部奖励而打球的经历似乎已经破坏了他们从事体育运动的内源性动机。

几年前，我和本科优等生马克·怀特（Mark White）在对职业运动员的研究中发现了类似的结果。我们收集了美国国家篮球协会和美国职业棒球大联盟多年的数据，寻找"合同年效应"的证据。这是指职业运动员在合同即将到期之前的赛季中的表现优于平均水平。据推测，在这些赛季中，他们会有额外的动力，因为如果他们表现好，他们更有可能获得大幅加薪。但在新合同签署后，他们的表现应该会回到之前的水平。他们未来的表现不像合同年那么好了。这个理念经常被体育专家谈论，但很少有数据验证。

马克和我问："如果运动员在合同年之后不仅恢复到之前的基线水平，而且实际比第一年的基线水平更差，因为他们的内驱力已经被合同年强烈的金钱关注削弱了，该怎么办？如果他们一直想着赚钱的'合同年体验'而永久性地抑制了他们对这项运动的热情，怎么样呢？"

我们收集的数据包括过去20年职业篮球和棒球的三年连续数据。这些序列涵盖了球员合同年（基线）前一年、合同年本身和合同年之后的一年（新合同生效后）。我们查看了进攻数据（篮球的场均得分和命中率，棒球的打击率和本垒打）和防守数据（篮球的盖帽和抢断，棒球的投球距离和出局）。

在篮球和棒球样本中，球员在合同年的进攻统计数据比前一年更好。他们更加努力地回应外在的激励，试图创造华而不实的统计数据，结果奏效了。合同年的数据增长是真实的。不过，球员们在合同期内的防守表现并没有改善，大概是因为球迷和球队负责人没有那么关注这些数据，或者没有那么重视它们。防守需要球员付出努力，而不是成为明星。

我们的研究中最有趣的发现正是我们所预测的：在球员获得新合同后的第三年，他们的表现在很多方面都受到了影响，进攻和防守表现都是如此。球员并不只是回到之前的基线，即他们在第一年的表现水平。相反，在序列的第三年，他们的表现明显低于最初的基线水平。似乎是运动员在合同年对奖励的强烈关注削弱了他们在获得奖励后对运动的热情。

请注意，我们没有直接测量运动员的内源性动机，因为这是无法测量的。相反，我们从他们的表现中推断他们的动机，假设内源性动机通常会产生更好的表现。有些人对我们的发现提出了另一种解释：球员在获得合同的第三年之前可能没有那么努力训练。也许他们在休赛期的训练中放松了，这就是他们在第三年踢得更差的原因。但这一解释仍然与金钱至上的思想降低了他们内源性动机的结论相一致。也许，在合同年之后，在休赛期训练已经成为球员们"只为获得报酬"而做的事情，而不是在他们曾经热爱的运动中努力提高和超越的一种方式。

早期 SDT 的思考和研究都根植于解释这种效应的尝试。经过 10 年的研究，德西和他的合作者理查德·瑞恩（Richard Ryan）得出结论，人类已经进化出了一种对自主的基本需求，即感觉他们做事情是因为他们想做（或因为他们决定做），而不是因为他们不得不做（或被迫做）的需求。除了极少数外（比如，当他们找借口的时候），人们需要体验到自己是自己行为的因果来源和起源，而不是感觉被外部力量控制和决定。当人们感到自主时，他们往往比感到被控制时表现得更好。他们也更愿意为自己的行为负责，在必要时接受指责和训斥。他们投入到他们所做的事情中，并希望把它做对、做好。他们甚至倾向于更关心别人，而不是像你想的那样更不关心别人。事实证明，自主（拥有自己的行为）和独立（不在乎别人想要什么）在心理上是不同的，尽管它们经常被混淆。

多年的SDT研究扩展了关于外部奖励如何破坏内源性动机的原始发现，表明它适用于许多类型的活动。被毁掉的不仅仅是拼图游戏或体育运动，这种影响可以延伸到除了金钱或成绩之外的许多其他事情上，包括最后期限、监督、竞争，甚至是口头奖励和表扬。所有这些因素中的一个共同点就是它们都有控制欲。我们"从认知角度"将其评估为强制性因素。它们威胁要剥夺人们的自主意识，从而破坏人们对手头任何活动的享受。

为什么感觉到自主权如此重要？这个问题将我们引向SDT两个最基本的假设中的第一个：人类天生好奇，具有探索世界和品尝世界上的美食的天生倾向。人们通过自主学习、做出既能表达又能发展他们成长中的心智的选择来实现这一目标。他们通过这样的内源性动机，学会在了解世界的同时运行自己的认知机制。SDT 是一种有机的生命系统理论，它强调"人类存在"的创造性和自我建构的本质。"存在"被视为一个动词，而不仅仅是一个名词。人类就像一团熊熊燃烧的火焰，每个小火苗都会闪闪发光，我们可以根据手边的燃料来决定燃烧的亮度。

SDT 的第二个基本假设是，先天生长倾向可能受到一个人的社会环境（家庭、学校、人际关系等）的影响，也可能不受影响。拥有一种需求，如人类想成为自主主体的需求，就会显得有些脆弱。如果这种需求得不到支持，或者更糟的是，如果这种需求遭遇了极力阻挠，那么，人们可能会受苦。在这种情况下，人们倾向于倒退，可能采取适应不良或自我挫败的方式。

简而言之，心理健康和心理成长取决于支持性条件。在某种程度上，植物也类似：要生长，它需要适量的光、适宜的土壤和一定量的水。在错误的社会条件下，人会枯萎，就像植物在错误的自然环境中会枯萎一样。植物的比喻传达了一个重要的原则：心理学最终是一门生物科学；它只是碰巧关注的是心理活动而不是生物活动。生物活动和心理活动都是生命的过程，它们都可能发挥良好的作用（人类的成长和繁荣），也可能发挥不良的作用（人类的衰弱和枯萎）。

SDT 非常关注多层次结构的人格层面（我们如何运行自己的身体）和社会关系层面（我们如何与其他个体互动）之间的界面。这是一个重要的"阶段转变"，在这个阶段，一个人遇到了多个人；在这个阶段，一个人成为多个人的一部分；在这个阶段，我们每个人的系统都要经过与更大的社会系统融合的考验。社会心理学是一门通过研究不同人格如何相互影响和相互作用来解决这一特殊层次的组织问题的科学。业界公认，德西发现的内源性动机破坏效应是社会心理学里的一个经典理论。

SDT 很早就将注意力集中于一种非常重要的社会关系，即权力不平等的社会关系。在这种关系中，一个人的地位高于另一个人，地位高的人拥有更高的地位和更大的权力，包括让地位低的人因为不服从自己的命令而生活艰难的权力。我们都发现自己在生活中处于不平等的权力关系中：孩子、学生、雇员、病人和队员。也就是说，我们会遇到父母、老师、雇主、医生和教练，如果他们愿意的话，他们有社会影响力，可以对我们颐指气使。通常，他们会选择这样做，或者做得更过分。有的教练可能会让他的球员执行一种死板而不愉快的训练方案；有的教练可能会命令一个球员去伤害另一个球队的球员；还有的教练甚至可能强迫他的球员进行性行为。你可能会想到你生活中那些试图控制和操纵你的权威，他们用他们的社会权力作为杠杆。

在理想情况下（有时是现实情况），权威人士的作用是明智的导师：他们理解下属的需求，并帮助他们采取有利于下属自身和他人的行动。我们中的许多人都记得那位特别的老师、教练或父母，他们教我们如何信任别人、如何约束自己，以及如何对待他人。学习如何明智地使用社会权力是人类所有技能中最困难的技能，而且随着年龄的增长，这一技能变得越来越重要。它涉及以一种所有参与者都能从这一过程中受益的方式来操纵社交世界的控制能力。在某些方面，健康的社交技能就像健康的器官：如果我们的肾脏运转良好，我们的细胞（肾脏层级以下）和大脑（肾脏层级以上）就会生气勃勃；如果我们的人际关系运转良好，我们的性格（人际关系层级之下）和社会群体（人际关系层级之上）就会活力四射。

现在，数以百计的 SDT 研究表明，从上级领导那里获得自主支持（他们鼓励我们做出自己的选择），对我们的发展和幸福感至关重要。支持自主权的领导倾听下属的意见，关心他们，与他们建立联系，向他们解释事情，并在特定情况下允许他们有尽可能多的回旋余地。他们试图最小化或弱化自己和下属之间的权力差异（"是的，我是你的领导，但实际上我们只是普通人"）。当领导者能够做到这一点时，事情对双方都更好（一个双赢的局面）。对下属尊重、支持自主权的领导能从下属那里得到更多的合作和更好的结果。他们在激励下属的内源性动机，帮助下属做到最好。

在高压情况下，支持自主权的行为可能尤为重要。2011 年，我和本科优等生安娜·沃森（Anna Watson）发表了另一项关于运动员的研究。我们调查了数百名参加体育运动的大学生：娱乐参与者（那些参加篮球或排球等校内运动队的人，他们与其他学生队比赛），俱乐部参与者（那些参加足球队等大学赞助球队的人，他们会去其他大学的球队参加比赛，但没有获得奖学金或主要的机构支持），还有校队队员（参加足球队或篮球队等大学主要球队的人，他们获得奖学金，并由专业人员指导）。每支队伍都有一名教练，我们通过要求所有运动员根据标准量表对 6 项陈述的认同程度来衡量每位教练对自主权的支持程度。例如，"我的教练试图理解我如何看待事物""我的教练为我提供选择和选项"，以及"我的教练倾听我想如何做事"。我们对这些回答取平均值，然后研究教练对自主权的支持与运动员比赛的内源性动机及他们对运动体验的整体评价之间的相关性。

我们发现，在所有这三种运动队中，自主权的支持都很重要，因为没有人喜欢控制欲强的教练。但是，自主权支持型教练在校队中最为重要，而且在校队中的影响最大。校队运动员参加的高压活动往往是大学的重要收入来源。在这种情况下，运动员觉得教练站在他们这边，而不是觉得教练是为了其自己的利益而剥削和控制他们，就会产生很大的不同。事实上，拥有一个支持自主权的教练可以缓冲来自球迷、记者和校友的压力，而拥有一个控制型的教练会让这些压力变得更加糟糕。

　　一流的教练很难放弃一些控制权，任由运动员自我调节。赌注是很高的，教练们需要为了自己的原因而获胜，因为一个不断失败的教练不会被雇用太久。但支持自主权的好处是显而易见的。如果教练能够成为明智的导师而不是教条的教官，他们将从运动员那里得到最大的收获。运动员将能够保持他们的内驱力，这使他们发挥得更好，更有创造性。重要的是，这并不意味着教练不应该强制安排、设定期望、提供奖励，甚至施加惩罚。这只是意味着，他们应该以一种敏感、幽默的方式来做这些事情，并牢记，如果角色互换，他们会有什么感受。

　　我们一直在讨论内源性动机，即我们为了乐趣而做某件事。当然，我们做的每件事并不都是有趣的和愉快的。打扫房子、换尿布或完成季度报告，我们应该激发内源性动机去做这些事情吗？

　　这是一个非常好的问题，在 20 世纪 80 年代末，

SDT 开始着手解决这个问题。SDT 的第二个小理论，即有机体整合理论，认为如果一个人成功地将自己不喜欢的行为内化到自我意识中，那么他就可以心甘情愿地做出自己不喜欢的行为。内化一种行为意味着我们开始看到该行为的价值、意义和重要性。我们完全同意这样做，虽然我们不喜欢这样做。当我们一致认为打扫房间很重要时，也许是因为我们喜欢在干净的家里消磨时间，打扫房间就变得更惬意了（但也可能依然觉得无趣）。这样的行为表达了我们想要成为一种以某种方式生活的人的愿望，因此我们可以愉快地做这些事。

第二种类型的自主型动机被称为认同性动机，它表达了我们成熟的承诺。认同性动机以一种重要的新方式反映了我们自由意志的能力，因为它帮助我们让我们去做我们不喜欢做的事情。没有其他动物可以做到这一点，它需要额叶的能力，而这种能力只有人类大脑的操作者才具备。但它也需要一个主观的主体来决定使用这些能力。

2019 年，我发表了一项关于太平洋山脊小径（PCT）徒步者的研究，旨在解释那些背包客如何坚持完成具有挑战性甚至不愉快的任务。PCT 徒步者试图走完 2650 英里（1 英里 =1.6093 千米）长的小径，从墨西哥穿过山区，一直到加拿大。有些人会在多年的时间里，分几个阶段走完这条路。但我研究的徒步者试图在一个春天和夏天完成。关于 PCT，你可能从谢丽尔·斯特雷德（Cheryl Strayed）的著作《走出荒野》（*Wild: From Lost to Found on the Pacific Crest Trail*）中听说过，或者从瑞茜·威瑟斯彭（Reese Witherspoon）主演的电影中听说过。这条路很难走。它穿过了陡峭的隘口和雪原 [通常海拔 12000 英尺（1 英尺 =0.3048 米）或 13000 英尺]、汹涌的小溪和无水的沙漠。徒步者要在沿途补充能量，通常是从山上徒步数英里到附近的城镇，然后再徒步上山。要想在一个季节内走完这条路，徒步者平均每天要走近 20 英里，通常要负重超过 50 磅（1 磅 =0.4536 千克）。

在 2018 年的春天，我招募了 95 名有抱负的 PCT 徒步者作为我的研究对象。作为一名背包客，我能够进入相关的 Facebook 群组。在第一次调查中，在徒步旅行开始之前，我测量了这些徒步者最初的幸福水平，以及他们开始徒步旅行的内源性动机。对于后者，我让他们用诸如"我将挑战 PCT，因为它将是一件快乐的事"或"因为它将具有挑战性"或"因为它将是有趣的"这样的陈述来评价他们的同意（或不同意）程度。我还测量了他们认同性动机，使用诸如"我将挑战 PCT，因为它对我有意义"或"因为它对我个人很重要"或"因为我看到了其中的价值"这样的陈述。

在他们的旅程结束后，也就是 2018 年的秋天，我让这些徒步者填写了第二份调查，让他们回顾自己的经历。这次调查了同样的动机，调查的问题是："在徒步旅行快结束的时候，你为什么还要继续？"秋季调查还测量了徒步者最终的幸福水平，并询问他们是否真的完成了徒步（其中大约一半人已经一路走到了加拿大）。这个研究设计让我可以观察徒步者的动机随时间的变化，看看这些变化如何影响他们完成旅程的能力。它还让我可以比较徒步者在旅程开始与结束时的幸福水平。

结果很不寻常，但从认同性动机的角度来看，这是非常有意义的，因为适用于极限运动。首先，到了夏末，徒步者的内驱力大幅下降。一开始，旅程是一个令人兴奋的挑战，但随着不适和困难的增加，这个挑战变得更加艰难。SDT 中有一个明显的破坏效应。远足人士的内源性动机和乐趣因沿途的许多不可避免的问题而大打折扣。但与此同时，他们的幸福水平上升了。平均而言，从徒步旅行的开始到结束，幸福水平上升了很多。即使他们没有完成整个路程，也不会影响幸福感的累积。

显然，这些徒步者经历了所有的苦难，他们做了一件非常有意义的事，这给了他们巨大的自豪感和使命感。SDT 的"认同性动机"概念是对它的完美描述，来自徒步者的数据也证实了这一点。但有一项发现并非寻常：对于许多徒步者来说，在整个夏天，内源性动机在减少的同时，认同性动机却在增加。通常情况下，自主型动机的两种形式是同步的。当认同性动机上升时，内源性动机也随之上升。这项研究让我看到了当它们不并行运行时会发生什么。我发现，最坚持的 PCT 徒步者已经完全内化了他们完成全程的目标。他们让它成为自己的一部分，成为他们身份的一部分，从而帮助他们熬过了痛苦和困难。

我的研究还考虑了第三种形式的内源性动机，被称为内摄性动机，它基于内疚和自我压力。内摄性动机的问题是它只是部分内化，就像一口食物只吞了一半。这就好像一个人的一个自我在强迫另一个自我去完成任务。我的参与者通过回答诸如"我想挑战PCT，因为如果我不这样做，我会感觉很糟糕"或"因为如果我失败了，我会感到羞愧"之类的问题来对自己的这种动机进行评估。大多数人都能在自己的生活中想到内摄性动机的例子。比如，当你给孩子换尿布，只是因为轮到你了，你不想觉得自己是个坏丈夫和坏父亲；或者，当你走出房门去晨跑的时候，想象一下，如果你不这样做，你会觉得自己有多糟糕。在内摄性动机下，我们的内心是矛盾的，既想做某事，又不想做某事。

我的PCT徒步者研究数据显示，在徒步者样本中，内摄性动机也增加了，甚至超过了认同性动机。与徒步之初的动机相比，随着时间的推移，徒步者变得更加自我控制，其中许多人变成了严厉的内部监工。这未必是一件好事，因为许多研究表明，内摄性动机往往与较低的幸福感有关。同时感到内疚和快乐，是很难办到的。

夏天观察到的内在动机的变化如何影响徒步者完成

徒步的能力，以及他们徒步后的幸福水平。结果再次令人着迷，并且与 SDT 一致。认同性动机和内摄性动机的增加都与 PCT 的总长度和实际完成的徒步旅行有关。那些能够建立起这两种内在动机形式中的任何一种的徒步者，在他们的内源性动机消失后，都能够更好地继续下去。所以，是的，内摄性动机对于让我们做事情是很有价值的。

但同样的，内摄性动机并没有让我们有完全自主的感觉，因为我们觉得我们在强迫自己。这种活动并不完全令人满意。与这个想法一致的是，我发现真正完成 PCT 徒步旅行并不能进一步提高徒步者徒步后的幸福感，除非他们在夏天也发展出了更大的认同性动机。换句话说，如果徒步者完全认同这一旅程，那么完成 PCT 徒步旅行只会提高徒步者的幸福感。如果完成 PCT 是由内摄性动机的增加驱动的，那么完成 PCT 徒步旅行并不会提高徒步者的幸福感。尽管基于罪恶感的动机帮助他们完成了任务，但也带走了他们本来可以从徒步中获得的满足感和成就感。

PCT 徒步者研究的主要道理是：如果我们能完全内

化自己的行为，那就最好了，这样我们就能全心全意地同意和赞同我们所做的事情，即使这些行为本身是困难或痛苦的也无妨。在完全内化的情况下，我们已经完全接受了自己的选择，并对它们承担了责任，就像存在主义观点所建议的那样，我们一直很自由，但也一直要对自己所做的事情负责，不管我们（目前）是否意识到这一点。当我们觉得我们在强迫自己做某事或让自己感到内疚时，这可能是一个信号，表明我们应该更多地思考我们在做什么。也许我们可以完成内化行为，然后完全认可它。或者，也许我们应该完全放弃这种行为，去做一些更适合的事情。我们将在第七章更详细地讨论这个重要的困境。

我们怎样才能在我们的行为中感到更加自主呢？鉴于衰老在这一过程中所扮演的角色，我和我的同事们进行了一系列有趣的研究。我们假设，随着年龄的增长，人们自然而然地会对自己的行为产生更多的内源性动机，更多地成为自己行为的主导者。换句话说，平均而言，老年人应该（通过经验）学习他们想要和同意的东西，并应该培养更强的能力来抵抗可能迫使他们做他们不同意的事情的社会压力。为了验证这一假设，我们考虑了三种行为，几乎从定义上看，它们不太可能是内源性动机：纳税、选举投票和给服务人员小费。这些都是"社会责任"，我们中的许多人做这些只是因为我们不得不做或应该做。问题是：年龄和经验是否教会我们更乐意地履行这些职责，并充分认识到它们的重要性？

这正是我们在一项对年龄从 17 岁到 86 岁的参与者的研究中所发现的。参与者年龄越大，他们投票、给小费和纳税的动机就越明确。参与者的年龄和他们在三项工作中的认同性动机水平之间存在显著的正相关。年长的参与者倾向于认为这些职责更有意义和重要，而年轻的参与者则有更多内摄性动机，他们不得不强迫自己并内疚地履行这些职责。似乎衰老的过程教会人们完全认可自己"应该"做的事情，而不是带着内心的保留意见去做。

我们在一项比较大学生（20 岁出头）和他们父母（四五十岁）的研究中发现了同样的基本年龄差异。大学生们填写了一份调查，在这份调查中，他们列出了自己的一些人生目标，并对追求这些目标的动机进行了评级。他们把父母的联系方式给了我们，我们的研究团队把同样的调查发给了他们的父母。我们发现，在追求自己的人生目标时，无论这些目标是什么，父母都比孩子拥有更多的认同性动机（自我认可）。相比之下，他们的孩子对自己的人生目标有更多的内摄性动机（基于负罪感）。再一次，随着时间的推移，人们似乎趋于成熟，成为自己生活的感知者和内在的自主主体。

然而，我们不会永远变得更好。年龄的增长带来了限制，而大脑在记忆和应对新鲜事物方面也变得更加有限。正如你所预料的那样，在生命的最后阶段，一个人的自主性往往会下降。不过，这通常是在濒死时才会发生的。在那之前，逐渐成熟的过程，朝着加强自主权和自由意志的方向，往往会占据主导地位。

什么样的具体情况能帮助人们内化不愉快的行为，从而形成更成熟的认同性动机？对于 PCT 徒步者来说，这是他们对自己设定的艰巨任务的反应。对于履行社会责任的老年人来说，这是通过一个成熟的过程逐渐发生的。但是什么样的社会环境能帮助人们在短期内内化自己的行为呢？

在这种情况下，最有帮助的是当权者对自主权的支持。当我们的老师、雇主和父母倾听我们，当他们尊重我们的自我意识，当他们清楚地解释为什么他们坚持我们做某事，那么我们更有可能内化相应的行为，无论它是多么乏味或无聊。我们愿意完成季度报告、打扫房间或做不愉快的练习。如果当权者利用他们的权力试图强迫我们做事，并且只按他们的方式去做，那么我们将这些行为与我们的自我意识联系起来的能力就会受到阻碍。

博士生尼图·阿巴德（Neetu Abad）现在是疾病控制和预防中心研究"疫苗犹豫"的行为科学家，她和我一起进行的一项研究提供了另一个有趣的例子，说明支持自主权如何影响内化动机的过程。在这个案例中，我们的问题是，是什么样的心理过程让第二代移民（比如，尼图本人）成为双重文化人。第二代移民是第一代移民的子女，他们的父母来到新的国家，带来了他们的旧文化和习俗。我们研究的孩子，要么在移民时还很小，要么在移民后不久就出生了。

大多数第一代移民希望他们的孩子能够欣赏和接受旧文化，但他们也希望他们的孩子能够成功地适应新的文化。他们希望自己的孩子感受两种文化的联系。但并不是所有这样的父母都能有效地灌输这些价值观。在我们的研究中，我们通过要求孩子完成与前面描述的学生运动员研究相同的量表来衡量父母对自主权的支持程度。这次，我们要求孩子说出诸如"我的父母试图理解我看待事物的方式""我的父母为我提供选择和选项""我的父母倾听我想如何做事"之类的话。我们发现，父母越支持孩子的自主权，允许他们对自己的文化身份做出自己的决定，他们的孩子就越能珍惜旧方式和接受新方式，他们就越具有双重文化特征（可以通过几种标准量表来衡量）。给孩子们质疑旧方式的自由显然会让他们接受这些方式。但是，强迫孩子参加一种文化活动，如参加宗教活动或参加语言课程，会限制孩子成年后继续这种活动的意愿。

换句话说，你无法让某人真正相信某事是重要的。对于第一代尝试的父母来说，强迫孩子接受本土文化会适得其反。似乎所有权威人士能做的就是为下属提供一个自己做决定的环境，要相信，如果权威人士支持下属自己的选择过程，那么下属就更有可能理解、尊重和接受权威人士的偏好。理查德·巴赫（Richard Bach）在他的著作《海鸥乔纳森》（*Jonathan Livingston Seagull*）中有一句不朽的话："如果你爱一个人，就给他自由。如果他们回来了，他们是你的；如果他们不回来，他们就永远不是你的。"

~

到目前为止，我们已经讨论了内源性动机和认同性动机，以及从权威机构获得自主权支持对这两种自主型动机的重要性。我们已经触及了 SDT 的两个小理论：认知评价理论（人们如何评估所提供的奖励背后的意图，这可能让他们失去内源性动机）和有机体整合理论（人们如何内化不愉快的行为）。现在让我们谈谈 SDT 阐明心理自主问题的另一种方式，它对健康和发展至关重要。SDT 的第三个小理论是"因果取向理论"，着重讲述三种与自由意志相关的人格类型或特征。

这三种性格取向是什么？第一种是自主取向。人们关注环境中激发他们内源性动机的方面、支持选择的方面和提供信息反馈的方面（以便他们学习如何改进）。例如，当得到一份新工作时，他们会对自己说："我想知道这份工作是否有趣。"自主取向型的人在寻找他们可以自我导向的情况和活动，并从中学习和提高自己的能力。他们倾向于为自己的行为承担更多的责任，支持他人的自主权就像支持自己的自主权一样。这就好像他们是具有自由意志的主体，他们希望其他人也获得自由。自主取向与许多积极的特征和结果相关。他们是成熟的人，能够在帮助他人做同样事情的同时，平衡地决定自己想要什么。

用 SDT 的行话来说，第二种性格取向是控制取向。这类人不是去寻找能够刺激他们内源性动机的情境，而是试图弄清楚情境的奖励结构以符合他们所遵循的强化规则。当得到一份新工作时，他们会问："我在这个职位上能挣得更多吗？"他们更能适应外部因素，而不太适应他们可能真正想做的事情；他们可以暂时把自己的感觉放在一边。这就好像他们是没有自由意志的主体，只能做着他们必须做的事，因为他们相信他们获得的结果在很大程度上是由外部决定的。控制取向与某些类型的成功相关，但也与欺骗和不道德有关。他们都是不成熟的人，能够得到一些他们应该想要的东西，但只能牺牲他们的自主权，把他们的正直和他们与他人的关系置于危险之中。

第三种性格取向是非个人取向。这类人感到无助，好像他们认为自己什么事都做不了。当得到一份新工作时，他们会想："如果我不能承担新的职责怎么办？"他们往往缺乏动力，效率低下。这就好像他们在没有涉入感的情况下工作。非个人取向与人类能想到的各种负面特征和结果相关，如抑郁、焦虑、身体健康状况不佳，甚至精神错乱。这些人都是极度沮丧的人，他们不仅不能自由行动，甚至不能有效地充当被某些事或某些人控制的棋子。他们基本上已经放弃自己了。

这三个因果取向有助于说明接受决定论作为指导系统或生活哲学的潜在危险（如第一章所述）。那些拒绝决定论并拥抱自由选择（通过自主取向）的人会茁壮成长；那些稍微接受决定论（通过控制取向）并试图绕过其边缘的人，几乎没有好下场；那些完全信奉决定论的人（通过非个人取向）感到无助，仿佛他们根本没有权力或自我能动性。对于非个人取向的人来说，他们的行为是由他们无法影响的力量引起的，而这种想法已经成为他们（不幸）的现实。有信仰才能成功。

～

正如我们所见，SDT 从许多不同的角度探讨了心理自主的问题，并提供了大量的研究支持。它支持这样一种主张：感觉自主和自我决定（而不是感觉被不可控的力量决定）是人类生活中必不可少的元素，是人类真正的需求。然而，SDT 并不是唯一强调心理自主是人类繁荣的关键因素的研究传统。事实上，如果我们仔细研究积极人格发展的经典理论和当代理论，纵观精神分析、临床、发展、人文主义和心理动力学的各个领域，我们会发现所有这些理论都有着惊人的共性。

虽然西格蒙德·弗洛伊德的许多思想已经被质疑，但他有许多重要的见解。他最著名的见解是关于潜意识的力量。但是，弗洛伊德也是这样一个观点的先驱：意识过程通过调节情绪、控制冲动和处理外部世界的现实，在我们的头脑中扮演着重要的角色。弗洛伊德对这一方面的心理学词汇是"自我"，它在原始驱动（本我）和社会植入（超我，SDT 认为这是内摄性动机的领域）之间进行调解。弗洛伊德认为，自我是人格的决策成分。它与"我"的感觉有关。理想情况下，"我"能够理性地思考，并与现实保持一致。

根据弗洛伊德的理论，人格发展的主要方向是增加自我的力量。因此，他的名言"本我在哪里，自我就应该在哪里"诞生了。精神分析的目标是帮助人们理解和解决他们的无意识冲突，从而成为自己生活的主人。虽然弗洛伊德没有使用 SDT 所称的自主性，但很明显，他的最优自我功能概念涉及这个术语。就像 SDT 的自我概念一样，弗洛伊德的自我通过其本能和冲动控制着身体，并通过其规范和影响控制着社交世界。弗洛伊德认为，一个运作更好的自我，会以一种更自主的方式运作。

这一观点在 20 世纪中期得到了精神分析理论家的推广，从而演化成了自我心理学。弗洛伊德认为，人类的最终动机是性和攻击本能。在 20 世纪 30 年代，海因茨·哈特曼（Heinz Hartmann）认为，在他所谓的"自我功能的无冲突领域"中，有着更多的自主空间。哈特曼版本的自我不仅要适应环境，还要以自由主体的身份塑造环境。哈特曼认为，人们追求更大的自主权，不仅是一个有益的过程，值得在治疗过程中得到鼓励，而且还是人类发展和社会进步的总根源。

其他思想家在继续呼应同样的基本主题的同时，甚至离弗洛伊德更远了。奥托·兰克（Otto Rank）曾是弗洛伊德的门生，但在 20 世纪 30 年代，他创立了自己的人格发展、创造力和天才理论。他强调意志"作为一种原始创造力的综合人格，对环境起作用，而不仅仅是做出反应"。根据兰克的说法，伟大的创造者能够从过去，甚至自己的先前信仰中解脱出来，从而实现突破。他将创造者与神经质的人进行了对比，发现后者害怕将自己与他人或自己的过去分开，拒绝承担选择和创造新世界的责任。在兰克看来，自我是综合活动的中心，放弃对世界的控制意味着放弃我们改变世界的潜力。

爱利克·埃里克森（Erik Erikson）是弗洛伊德的另一批追随者之一，他研究了人一生中的自我发展。在 20 世纪 50 年代，他创立了一个非常有影响力的人格发展阶段理论，认为自主是一个关键问题，特别是在儿童早期。儿童要学会控制自己，如上厕所、自己穿衣服、平息自己的怒气。埃里克森提出的人格发展的八个阶段中，每一个阶段都涉及解决该发展阶段所特有的社会心理危机。例如，对于蹒跚学步的孩子来说，任务是拥抱自主，而不是陷入羞耻和怀疑。这是埃里克森提出的第二个阶段（第一个阶段是让婴儿学会信任）。成功解决第二次危机的孩子已经明白"我能控制一切"，这为发展坚实的认同感和使命感奠定了基础。尽管自主性是幼儿的主要关注点，但成年后，他们学会了在生活中做更多事情、控制更多事情，自主性仍然是其余各个发展阶段的核心。

心理学家詹姆斯·马西娅（James Marcia）以埃里克森的研究为基础，在 20 世纪 70 年代关注了人们发展成熟身份的过程。他区分了四种身份认同状态，从低发展水平到高发展水平。各个阶段的动态都需要自我引导的探索和反思。理想的情况下，人们首先能够超越"早闭型身份"，也就是他们已经接受却从未反思过的身份（"我必须追随我父亲的脚步"）。然后，他们必须超越"迷失型身份"，即尚未确定的身份（有些人在致力于创造这种身份所需的自我引导的探索方面存在困难）。下一步是超越"暂停型身份"，即一个人在经历怀疑和焦虑的同时，积极地为自己的身份寻找新的基础。最后，人们达到了一种"已获得的身份认同"，他们通过自己的努力，对自己是谁及什么对自己重要有了坚实的认识。马西娅的理论认为，人们通过发展来之不易的知识，了解自己是谁、喜欢什么和想成为什么样的人，从而获得更大的选择自由。同样的基本主题可以在几乎所有其他的人格发展理论中看到，比如，从简·卢文格（Jane Loevinger）有影响力的自我发展理论，到卡尔·罗杰斯（Carl Rogers）的完全功能人格理论，再到亚伯拉罕·马斯洛（Abraham Maslow）的自我实现人格理论。

当权威人士试图控制我们时，他们往往无法实现他们的最终目标。强迫孩子练习钢琴的父母可能会毁掉孩子一生的音乐动力，或者命令员工的老板可能只会让员工心中滋生怨恨。但权威人士往往会成功，至少在短期内是这样。即使我们的父母没有激发我们对音乐的持久热爱，他们至少可以让我们每天坐在钢琴凳上 20 分钟。我们甚至可以成为控制自己的权威，就像在内摄性动机的例子中，我们对自己做某些任务感到内疚。在这种情况下，我们的"自由选择"在哪里？

我的立场是，无论在什么情况下，我们的选择能力始终存在，因为最终，除了我们自己，没有人能决定我们的行为。我们的大脑总是在为我们的身体做计算和选择，根据我们的优先级和价值观，尽我们所能感知这些。奥斯威辛集中营的幸存者维克多·弗兰克尔（Viktor Frankl）声称，无论我们的环境有多糟糕，我们都有能力根据我们发自内心的决心选择我们对它们的反应。这就是存在主义观点的本质。

因此，托尼总是可以选择孤注一掷，这取决于他自己，不管他的教练在场边喊什么，都不会影响他去冒险。总之，这是一件好事：它让我们在需要的时候独立思考，并看到我们认为最重要的东西。

当然，面对艰难的处境，人们可能会选择放弃，接受他们无能为力的信念，从而变成宿命论者，听天由命。也许这种宿命论是有道理的，特别是当敌对的人掌握着我们的生或死的权力时，在这种情况下，与他们合作可能比受苦或死亡要好。但在今天仍具有影响力和启发意义的弗兰克尔的激进观点是，我们甚至可以选择死亡，而不是牺牲我们的正直感和价值观。抵抗往往也是一种选择。不那么戏剧化的是，我们可以选择大声反对我们所看到的不公正，拒绝接受同事对待我们的方式，或者基于新的兴趣、意图或健康目标，从根本上改变我们的生活方式。这只取决于我们关心什么，以及我们是否愿意承担必要的风险来坚持我们认为正确的东西。

在这一章中，我们已经看到自由意志是一个恒定的东西，我们总是拥有它，即使有时使用它可能非常困难。相比之下，心理自主是一个变量，它是我们在理解和接受自己选择能力方面所掌握的程度。我们中的一些人已经面对并接受了这种能力，而另一些人可能仍然在隐藏或逃避它。我们从 SDT 的研究中了解到自主性对我们的幸福有多重要。正如已故哲学家劳伦斯·贝克尔（Lawrence Becker）所说："自主的人类生命具有一种不可估量、不可衡量、无限且无价的尊严。"当我们意识到并拥抱这个真理时，事情就会变得更好；当我们听天由命且任凭他人控制时，我们就变成了不自由的人。

第五章
解开符号自我的谜团

　　威廉·詹姆斯（William James）是 19 世纪美国重要的思想家之一。他为哲学和心理学贡献了开创性的见解，包括自由意志是否存在的问题。詹姆斯关于自我的理论已经有一百多年的历史了，但它继续为我们定义"自我"这一重要而又难以捉摸的概念提供了条件。

　　詹姆斯将自我分解为"主格我"和"宾格我"。"宾格我"是自我概念，是一个相对静态的信念系统，是我们对自己及我们所拥有的特质和特征的认识。例如，某个特定的人可能认为自己是一个积极进取的人、外向的人、有责任心的人、权威的质疑者、怕虫子的人。当她填写一份性格问卷时，她提出要采用这种个人知识结构来回答问题。

请注意，这种以"宾格我"为基础的自我概念非常符合决定论，因为它并不假设我们的自我概念有任何作用。也许我们的"宾格我"只是一堆观点，是我们记忆库中的随机节点，无法控制甚至影响事件。"宾格我"的视角也符合否定自由意志的副现象主义，后者认为自我体验只是真实行为的副作用。也许，当大脑"湿件"发挥作用时，它自然地积累了一层关于自己的信仰的云雾。但还原论者说，这些信念仅仅是大脑过程的表观效应，而不是这些过程的原因或控制者。这些大脑过程实际上是运行层级较低的事物。

相比之下，詹姆斯的"主格我"远非一成不变。这方面的自我感觉是有意识的、活跃的，感觉自己在控制自己的思想。"主格我"可以获得关于自身的信念（"宾格我"特征），并可以根据要求（比如，在填写人格问卷时）从大脑中提取这些信念。但这个自我还有很多其他能力。它是负责做出选择和行动的精神主体。它执行我们的意愿，就像遗嘱的执行人可能会执行我们的愿望一样，趁我们还活着的时候好好欣赏它吧！

鉴于SDT对理解和支持自主功能的兴趣，它对自我的定义坚定地站在了"主格我"阵营中：它将自我视为经验中心和意志行为的发起者和调节者。在SDT中，自我是一个过程，而不是一个实体，并且自身永远不可能成为感知的对象（不像"宾格我"，它认为自己是安静的、雄心勃勃的、有创造力的，等等）。在SDT中，自我只能完成（或不能完成）同化、整合和选择的功能。

决定论关注的是"宾格我"，而SDT关注的是"主格我"，自我的两个方面在日常生活中是相互关联的。在1996年的一篇有影响力的文章中，人格心理学家丹·麦克亚当斯（Dan McAdams）创造了一个新的动词——"自我形成"——来描述这种互动："当'主格我'遇到'宾格我'时会发生什么？"他写道："自我形成是'人们构建并赋予生命故事以生命力的过程，以便赋予自己目标，与他人建立联系，并为智慧行动奠定基础。'"麦克亚当斯的定义提醒我们，当我们试图理解一个心理过程如何运作及其为何会如此运作时，我们必须考虑它的功能。心理自我的感觉能帮助我们解决什么问题，又能让我们做什么？

在 1997 年发表并于 2017 年更新的一篇论文中，人格心理学家康斯坦丁·塞迪基德斯（Constantine Sedikides）和约翰·斯科朗斯基（John Skowronski）试图回答这些问题。他们总结了人类已经进化出"符号自我"这一观点的证据，他们将其定义为"成年人对自己的个性和生活经历形成高度复杂和抽象表征的能力，并利用这种表征帮助自己发挥作用"。这种能力超过了古老的原始人所拥有的能力，这也许解释了智人最终对其他人种的统治。符号自我能力是建立在语言和人们想要讲述关于自己和他人的故事的心愿之上的。它也建立在我们想要拥有一个有价值的、准确的、站得住脚的身份的愿望之上，建立在我们想要在必要时掌控和管理事情的欲望之上。

塞迪基德斯和斯科朗斯基把符号自我看作是意识的"第三阶"形式。它建立在拥有"主观自我意识"的一阶意识能力之上，即区分自我与世界的简单能力。塞迪基德斯和斯科朗斯基假设所有的脊椎动物（也许是所有的生物）都会经历主观的自我意识。

三阶意识也依赖于二阶意识。二阶意识通常被称为"客观自我意识"，比一阶意识更复杂。二阶意识能力是指从自我之外（可以这么说）对自我形成一种心智表征的能力。这种能力可以储存在记忆中。客观自我意识（即把自己看作一个物体的能力）一般通过所谓的镜像测试来证明。在该测试中，测试者在受试者面对镜子时悄悄在他或她的脸上贴上标签。人类的孩子在 15 个月大的时候就会注意到这个标签，他们已经知道自己应该是什么样子，而且他们知道什么时候不是这个样子！客观自我意识也与我们在头脑中创造一个"泛化的他人"视角的能力有关。比如，我们会想："如果别人看到我挖鼻孔怎么办？"这种能力允许我们跳出正常的、更加以自我为中心的视角，并相应地修改我们的行为。虽然看起来很简单，但是，这种二阶意识能力是我们与少数物种共有的，包括类人猿和其他一些社会性动物，它们的大脑相对于体重来说比较大，包括大象、海豚和乌鸦。

　　符号自我将这种自我认知更进一步，进入三阶意识。三阶意识包括：做我自己的感觉，生活在一个故事中的体验，在世界中扮演自己的角色，决定下一步要做什么。符号自我是基于语言的、多面的、动态的（也就是说，它随时间而变化）。在 2012 年的一项研究中，我和我的同事将符号自我描述为感觉自己是电影中的一个角色，在情境和自己不断发展的人生故事的叙事结构的指导下，一边演，一边拼凑角色。符号自我弥漫着一种"特定角色"的感觉，这种感觉影响到我们该注意什么、做出什么反应，以及我们选择做什么。

塞迪基德斯和斯科朗斯基认为，符号自我在智人身上进化的一个原因是，它帮助我们在复杂的人类社会中有效地互动。符号自我是我们呈现给世界的面孔，通过它，我们试图从他人那里得到认可，就像他们试图从我们这里得到认可一样。就多层次结构而言，符号自我是我们自己的身体或心理系统与上一层次的其他身体或心理系统之间的接口，它将我们的人格呈现给了他人。我们这些会说话的猿类必须变得非常熟练，在我们瞬间即逝的肥皂剧中，时刻展现和投射一种有说服力的、令人愉快的"社会性格"。符号自我的这一功能使我们能够更好地协商联盟，吸引和留住伴侣，解决争端，以及处理其他许多事情。

根据塞迪基德斯和斯科朗斯基的观点，符号自我的第二个重要功能是保护自己免受内部和外部的威胁。这就是为什么我们寻求别人的认可：我们想要相信，我们认为自己是合法的和可以接受的人。其他人总是有支持或阻挠这种信念和愿望的自由，当他们这样做时，我们可能会采取防御性的态度，无论是好是坏。

根据塞迪基德斯和斯科朗斯基的观点，符号自我的第三个也许是最重要的功能，就是在人的行动系统中充当一个执行者。符号自我"设定社会或成就目标……远在未来""执行目标引导的行为""评估这些行为的结果"，然后"将结果与对符号自我的感受联系起来"（如骄傲、自尊或羞耻）。换句话说，塞迪基德斯和斯科朗斯基在 TOTE 过程（测试 – 操作 – 测试 – 退出）中全程看到了符号自我的作用：设定目标（标准选择），评估当前环境和标准之间的差异（测试），以及采取行动减少差异（操作）。他们还认为，TOTE 过程的结果反馈可以影响到符号自我，并潜在地改变其对自身的一般感觉和信念。

假设托尼进行了艰难的投篮，但是没有投中。真是糟糕的举动！托尼的教练让托尼一连好几次坐在替补席上，托尼可能会调整自己的感觉，他也不必总是那个投关键球的人。也许他甚至会学着争取助攻，帮助别人得分。这可能对托尼和他的团队都更好。

有些读者可能想知道，符号自我到底是什么？那是什么感觉？现在，此时此刻，我们能感觉到自己是符号自我吗？如果我们能找到这种感觉，为什么我们要相信它会对我们的生活产生影响呢？

在过去的一些文章中，我已经（有些反对地）提出，瞬间的符号自我是一个"精神侏儒"。在拉丁语中，侏儒是"小矮人"的意思，因此精神侏儒是指一个小矮人以某种方式位于一个人的大脑中，可能在幕后操纵着事情。这在古代是一个诱人的想法。但在现代神经科学和哲学中，精神侏儒概念通常被认为是一种谬误和逻辑错误。它的第一个问题是，人们的大脑里没有小矮人，没有隐藏在幕后的有形实体，只有复杂的大脑活动波。因此，用侏儒之类的概念来解释行为通常是行不通的。

精神侏儒概念的第二个问题是，它似乎试图用它应该解释的现象来解释一种现象，即一种循环推理。为什么约翰尼会做某事？因为约翰尼的小矮人想做这件事？我们怎么知道约翰尼的小矮人想做这件事？因为约翰尼在做这件事。精神侏儒概念的第三个问题是，它意味着"无限倒退"，这是哲学中的一个逻辑问题。如果你说一个人脑袋里的小矮人驱动着那个人，那么，是什么在驱动着那个小矮人呢？看来，在第一个小矮人的脑袋里，一定还有一个更小的小矮人驱动着第一个小矮人。然后，在第二个小矮人的脑袋里一定还有一个更小的小矮人，以此类推，无穷无尽。这让你一事无成。

　　但没有一个人格心理学家会宣称，精神侏儒是在一个人的脑袋里蹲着的第二个人；也不会有人声称我们的大脑中一定有俄罗斯套娃式的嵌套侏儒，永远存在。相反，他们会说，只是有一个大脑倾向于认为自己是一个持久的心理实体，并且倾向以这种方式思考比不这样思考产生更好的结果。

　　从根本上说，侏儒可能只是一个不断更新的人的潜在大脑状态的模型，这有助于保持大脑与其自身的当前状态同步。安东尼奥·达马西奥（Antonio Damasio）在他 1999 年出版的精彩著作《感觉发生的一切》（*The Feeling of What Happens*）中详细解释了这个模型。他认为，所有生物都有能力创造出自己身体状况的表征，而在高等生物中，这表现为自己的精神状况。这允许人们察觉到某种状况并采取行动来影响它（通过 TOTE 循环进步模式）。达马西奥认为，人类自我之所以独特且复杂，是因为它们建立在自传体记忆、语言概念和信念之上。

然而，语言概念和信念并非现实。因此，我们的自我模型有时是不准确的，甚至是完全错误的（我们将在后面的章节中看到）。托尼喜欢想象自己就是下一个勒布朗·詹姆斯（Lebron James）。可惜，也许不是！这就说明了我所说的精神侏儒是什么意思，它可能是由不真实的信念组成的。不过，当选择的契机出现时，当下的精神侏儒可能会产生重大影响。他是一个最后到达现场的人，是在选择前进道路的时刻可以说"不"（自由拒绝）或"是"（自由意志）的人。

符号自我是什么感觉？这是个棘手的问题，因为这就像向鱼描述水一样："我们看不到水，因为我们在水里生活。"正如哲学家托马斯·梅辛革（Thomas Metzinger）在他的著作《自我隧道》（*The Ego Tunnel*）中所说，我们看不到自我，因为当我们寻找自我时，我们总是沉浸在其中，沦陷在集中的、狭隘的、聚焦的思想中，排斥的远远多于包容的。当我们思考解决问题的方法时，我们不断地进入精神隧道，日后，当我们从中走出来时，我们忘记了自己离开时错过了什么。

要意识到一个人的精神侏儒在做什么（从自我隧道之外看事情），最好的方法是丢掉"我就是我"的日常感觉。这可能会发生在梦中，我们突然变成了另外一个人，或者变成了更庞大的东西。它也可能发生在强力迷幻药的影响下，或者在睡眠长时间被剥夺的影响下，或者在高强度的冥想或精神练习的影响下。这种超越自我的探索可能是有风险的，但也可能提供非常有用的线索。让我们一瞥隐藏在自我隧道之外的可能性吧！只有当我们当前的自我信念消失时，我们才能看到真正存在的东西：无限的深度和无限的可能性。正如亚伯拉罕·马斯洛所描述的那样，在经历了这样的"巅峰"体验之后，我们可能会回到一个新的、扩展的、日常的自我。

我将自我定义为一个转瞬即逝的精神侏儒，这与SDT 中对自我的定义有一些共同之处，但它们在重要方面也有分歧。这两种定义的观点是一致的，都将自我视为行为的经验中心及人们控制和调节自己的手段。它们都是"主格我"类型的理论。主要的区别是，在我的版本中，"宾格我"是包括在内的，因为精神侏儒认为它是一个东西。也就是说，它认为自己是世界上的一个特定角色，就像在电影中一样。当我们描述电影中的角色时，我们描述他们的历史、他们的特征、他们的特点和倾向，我们把他们总结为人。我们也为自己做同样的事。

然后，精神侏儒是一个瞬间的"主格我"，它认为自己是一个长期的"宾格我"。它试图在自己的头脑中更好地建立自己和自己的故事。从某种意义上说，精神侏儒只是我们大脑产生的幻觉，大脑里没有真正的"小矮人"，这种虚构只是极其复杂的大脑过程。但我们选择自我的经验会产生重要的后果。这种试图模拟和组织整个表演的最高级别的大脑过程，可以自上而下地影响身体内部的活动，毕竟这是它的主要功能之一，符合塞迪基德斯和斯科朗斯基的想法。

～

在所有这一切中，讲故事起着至关重要的作用。符号自我总是嵌入叙事中，比如，在有前后关系的生活史中，以及长期的主题和趋势中。更重要的是，这些叙事总是随着生活的曲折而变化。这意味着自我也一直在变化，至少是在微小或微妙的方面如此。在 t 时刻负责的自我版本与过去的自我并没有断开联系（除非在分离或"多重人格"的极端情况下）；随着时间的推移，不同的自我版本都是人们倾向于相信自己的一个共享故事。短暂的符号自我只是一个人试图组织和指导自己生活的最新化身。这些瞬间的自我记得自己的历史，并试图将自己与那些历史联系起来，以便在做决定时运用这种理解。就像玩家在一场大型电子游戏中一样，我们继续生活在我们的故事中，并以最令人满意的方式添加内容。

为了说明我们生活其中的自我叙事的关键性（尤其是在表达选择和自由意志的时候），我们不妨看看心理学家乔纳森·阿德勒（Jonathan Adler）2011 年关于人们如何在心理治疗中实现积极人格改变的杰出研究。研究参与者在大学诊所开始心理治疗前写下个人故事，描述他们认为自己是谁，并解释他们为什么要接受治疗。他们还写了另外 12 篇故事，大约每个月写一篇，讲述他们身份认同感的变化。此外，通过标准调查问卷，研究者在 12 个时间点对参与者的心理健康进行评估。

研究结束后，阿德勒的研究团队对 3000 多名参与者的叙事进行了内容编码，重点关注两大主题：自我力（提到自主、选择、目的和掌控等概念的叙事）和连贯性（逻辑性、综合性和详细性的叙事）。目的是比较这两种叙事方式，以便找出哪一种叙事方式与患者的积极变化联系得更紧密。

在一个偏自我力型叙事的例子中，一位患者在治疗接近尾声时写道："独自一人是一个可怕的状态。有时，我觉得自己像一个小孩子第一次去某个地方，同时感到兴奋、沮丧、美好和恐惧。我的生活发生了很多变化。我觉得其他人对我很仁慈，但现在，我知道我确实有控制能力。我能否坚持下去，取决于我自己，我会成功的。"这个人已经学会了掌控自己的生活。在一个偏连贯型叙事的例子中，另一个患者写道："我感觉我在很长一段时间里都在迷失自己。我生活中的一切都是围绕着别人和他们的需求而不是我自己的需求……心理治疗让我有机会意识到我还有我自己，它帮助我学会如何首先照顾自己，尽管这真的很难。"这个人对自己有了新的认识，用一种新的方式向自己解释自己的生活。

在心理治疗过程中，大多数参与者的自我力型叙事得分增加。作为一个群体，他们越来越觉得自己对生活负有更大的责任，更像是自由的自我，有能力做出选择，调节自己的情感和社交生活。然而，他们叙事的连贯性并没有改变，他们的故事并没有像预期的那样变得更加复杂或更加精细。然而，他们在心理健康方面仍然取得了进步。阿德勒发现，在研究过程中，编码叙事能力的大幅提升与心理健康的大幅改善及焦虑和抑郁等症状的减轻有关。与其他研究参与者相比，越多的人学会掌控自己的叙事，他们做得就越好。但他们叙事中更加详细的阐述并没有产生同样的效果。关键是要成为一个故事的作者，而不仅仅是拥有一个更好的故事。

当我们想要理解一个心理过程时，我们通常从询问符号自我的功能开始。符号自我有很多功能，比如，从帮助我们沟通到帮助我们设定目标或保护自己。但也许最重要的是它赋予我们自由和自主性的能力，即一种我们正在"驾驶生命之车"的感觉。SDT 的研究表明，这种能动性对我们的幸福至关重要。但我们怎么知道我们作为主体的自我感觉是真实的呢？我们该如何回答决定论者的质疑？他们声称精神侏儒是一种错觉，我们做出选择的感觉只是烟雾弹而已！要回答这些问题，我们需要再往下探索一个层次，即大脑本身的功能。

第六章

寻找大脑中的符号自我

几十年来，研究人员从原始的脑电图（EEGs）开始收集大脑活动的数据。最近，功能磁共振成像（fMRI）和正电子发射断层扫描（PET）技术使他们能够绘制和记录大脑各个区域神经活动的广泛模式。这些研究清楚地表明，大脑的功能就像一个网络，不同大脑区域之间存在着复杂的连接模式。

认知神经科学的研究人员通常使用这些数据来试图理解大脑在做什么，特别是当人们从事特定任务的时候，如解决算术问题、命名颜色、学习或回忆一个名字。每一项任务都可能产生不同的激活模式，为语言在大脑中如何工作或解决数字问题提供线索。但早期的研究人员不禁注意到，即使人们没有做任何特别的事情，他们的大脑也会持续保持活跃。与"休息"状态相比，即使是非常专注于一些外部任务，我们大脑的整体活动水平也很难提高。不管怎样，我们的大脑一直在使用我们身体的巨大能量（约20%）。

在20世纪90年代初，研究人员给这种持续的大脑活动模式起了个名字：默认网络（DMN）。DMN是我们的大脑不断返回的基线状态。

DMN的活动以大脑不同区域之间高度相关的活动为标志，特别是内侧颞叶、内侧脑前额叶皮层、后扣带皮层和顶叶皮层的部分区域。在DMN活性中，这些区域依次被激活和"共激活"。想象一场彩光秀，你就明白了，就像北极光一样，天空的三个区域同时闪烁红色，然后在不同的区域闪烁绿色，之后在另一个区域闪烁蓝色，然后在其他三个区域闪烁黄色，然后在同样的三个区域中的两个区域中再次闪烁红色。一层层的激活像天气一样不断地扫过大脑，以有条不紊的模式循环推进。

当DMN的活动首次被发现时，人们认为这表明大脑只是在"游荡"，真是浪费时间，没有做任何重要的事情，只是在做白日梦。然而，现在有关专家认为，DMN反映了非常高级的控制过程，涉及大脑的许多区域。这是一个大型系统，整个大脑通过中枢和子系统的相互作用使网络得以运转。这种观点认为，即使我们什么都不做，大脑也会保持"内生思维"，这种自我产生的思维在我们的生活中扮演着重要的角色。DMN活动可能包括"纯粹的白日梦"。在这种情况下，我们无所事事且无目的地沉思。但它也包括适应过程，如困惑过去、思考未来和制订当前的计划。如今，DMN被视为一种非常健康的大脑运作模式，远远超过了空洞的沉思。

虽然对DMN的研究是一个相对较新和发展迅速的领域，但有一件事正变得清晰起来：正如大脑研究员杰西卡·安德鲁斯－汉娜（Jessica Andrews-Hanna）所说，DMN实际上可能提供了"自我的神经学基础"。在安德鲁斯－汉娜看来，DMN是大脑对自身的感觉，是大脑对自身处境的思考方式，也是大脑每时每刻可能采取的行动。

DMN在多种精神障碍中遭到破坏，这支持了它与健康的大脑功能有关的观点。当人们患有抑郁症、精神病或创伤后应激障碍（以及其他疾病）时，他们的大脑承载这种高水平交叉神经活动的能力就会受损。于是，后扣带皮层和海马体等重要的大脑区域开始"退出"DMN活动。与健康个体的典型情况相比，它们变得更不活跃，或者彼此之间的联系趋于更少，接着，大脑网络瘫痪。如今，DMN 活性受损被认为是隐现的脑部疾病（如阿尔茨海默病）的早期标志。

∽

为了更好地将自我和 DMN 联系起来，让我们回到塞迪基德斯和斯科朗斯基 1997 年提出的符号自我的概念。他们认为，符号自我是一种非常有用的适应能力，它是每个人心理技能的一部分。此外，符号自我有三个基本功能：在社交世界中投射一张社会面孔，与其他人的自我互动；捍卫那张面孔，试图确认它的真实性；通过选择、监控和调整目标和计划，在一个人的行动系统中充当执行者。想一下符号自我的第四个功能（塞迪基德斯和斯科朗斯基没有描述，但我注意到了），在一个人当下时刻的意识中，尽可能准确地代表其自己的当前状态，以及表达长期需求和潜能。

DMN 可能就是符号自我吗？有充分的证据表明，情况可能就是这样的。例如，影像学研究表明，当人们被要求参与有关"内在导向思维"或"内在心理状态"的活动时，DMN 尤其活跃，例如，回忆他们生活中的某个特定时间，考虑如何最好地描述他们自己，或者反思他们自己的偏好。当我们在思考有关自己的事情时候，我们的 DMN 就在运转。当我们在时间中定位自己时，DMN 也很活跃，它会回忆过去，想象未来，或者想出连接过去和未来的故事。有趣的是，为了激活 DMN，故事不一定是我们自己的：当我们看电影或读小说时，相同的关键大脑区域的活动变得更加相关，并支持复杂的新记忆形成的外围系统。DMN 似乎正在把跨越时间的信息拼凑起来，组装起连接过去和现在、现在和未来的叙事弧线。但它未必需要区分我们自己的故事和别人的故事。

如果符号自我是 DMN，那么，从逻辑上讲，我们应该在符号自我执行其各种功能时发现 DMN 被激活。根据塞迪基德斯和斯科朗斯基的说法，让我们考虑三种功能中的第一种：与其他人的自我互动。当我们在社交世界中扮演自己的角色时，DMN 是否活跃？显然如此。研究数据表明，DMN 不仅在我们思考有关自己的事情时活跃，在我们思考他人、试图感知和理解他人时也会活跃。具体来说，DMN 参与了我们的"心智理论"计算，这让我们洞察到其他主体的心理状态。它还涉及我们的同理心体验。在这种体验中，我们将自己设身处地地为他人着想，去感受（或试图去感受）他们的感受。当我们试图确定什么是对的，谁在冲突发生的情况下是正当的时，它就会涉及我们的道德推理和我们对社会类别的考虑。DMN 的社会认知功能不胜枚举。

神经科学家伊斯特万·莫尔纳－萨卡克斯（Istvan Molna－Szakacs）和露西娜·乌丁（Lucina Uddin）在 2013 年提出，DMN 允许"具身模仿"，这是一种洞察我们自己和他人精神状态的方式。他们的数据表明，我们用自己投射的经验来模拟他人的经验。我们可以问自己："我现在是什么感觉？"如此，我们更能准确地评估别人可能正在经历的事情。但这是双向的：我们也可以观察他人的感受，以便获得关于自己感受的新信息。具身模仿允许我们使用"高层次的概念来推断自我和他人的精神状态"。这两位神经科学家说："而且这些机制一起工作，可以提供对自我的一致表征，进而提供对他人的一致表征。"

萨卡克斯和乌丁还在他们的综述文章中讨论了镜像神经元，这是在 20 世纪 80 年代发现的一种特殊类型的神经元。镜像神经元在我们做特定动作时和我们看别人做同样动作时得以激活。它们对任何人类主体的活动都有反应，无论是自我还是他人都一样。这些神经元被认为是移情、模仿和社会协调的主要基础。在萨卡克斯和乌丁看来，镜像神经元通过嵌入模拟过程投入工作，不断更新我们自己和他人的复杂模型。

这些和相关的研究结果表明，我们构建和理解自己观点的能力可能最终建立在我们模仿他人观点的能力之上。为了有效地向他人展示我们自己，我们必须学会猜测他人可能在想什么。这种能力一旦发展起来，就会回到自我身上，让我们更好地意识到自己在想什么。

这是一个有着悠久历史的有趣想法。它可以追溯到美国社会心理学家乔治·赫伯特·米德（George Herbert Mead），他在 20 世纪 30 年代提出了"泛化的他人"的概念。泛化的他人是我们在儿童时期学会的在自己头脑中创造的外在视角。这种外部视角可以代表一个人在特定情况下想象的特定个人视角（"我妈妈会说什么"），也可以是更广泛的视角（"大多数人会说什么"）。关键是，如果需要的话，能够构建自我异化的视角，对我们的认知功能至关重要。20世纪初，俄罗斯心理学家列夫·维果茨基（Lev Vygotsky）认为，人类的思维是建立在这种从他人的心理角度考虑问题的能力之上的。泛化的他人让我们摆脱自己的惯性，实现向前跃进。它提供了一个现实验证，有助于我们的想法与大多数人的想法保持一致。

DMN似乎在塞迪基德斯和斯科朗斯基的符号自我的第三个关键功能中也起着重要作用：运行和调节我们的行动系统，从而帮助我们设定目标和监控我们的行为。当参与者在功能磁共振成像仪中独自思考时，他们便进入了DMN状态。当他们被打断并被问及他们在想什么或想象什么时，他们通常会说在想当天的目标和活动，或者他们对未来的计划，或者他们可能采取的各种行动的可能结果。事实上，即使人们什么都没做，他们也会在本质上投入到行动计划中，这在动机心理学中是一个古老的观点。这可以追溯到心理学家埃里克·克林格（Eric Klinger）1971 年提出的"当下的担忧"概念，即一个人当前正在思考的问题和欲望，这些问题占据了他的头脑，塑造了他对世界的看法。克林格指出，当下的担忧不仅仅是白日梦，还是我们思考下一步要做什么的方式，因此很重要。

安德鲁斯 – 汉娜在 2012 年提出了她所谓的"令人好奇的可能性"："自发的 DMN 思维可能会让个体构建和模拟备选场景，在心理上组织他们的计划，并为未来可能发生的事情做好准备。"在这里，读者应该认识到哲学家克里斯蒂安·李斯特所说的自由意志所必需的三种能力。智能控制系统会考虑备选方案，然后选择一个特定的方案，并组织后续行动。也许 DMN 是李斯特所讨论的自由意志能力的物理表现。

但是，如果 DMN 在我们什么都不做的时候是最活跃的，那么，它又怎么能完整地参与到我们的自由行为中呢？这是一个重要的问题，因为 DMN 的早期理论把它作为一个基准，我们不断地回到这个基准，因此它的名称中有"默认"一词。使用这个标签的主要原因是，当人们在做实验任务时，DMN 通常（但不总是）受到抑制。如果 DMN 在人们的行为中受到抑制，那么，它又怎么能代表人们的自由意志而工作呢？

DMN 的活动确实容易受到"任务诱导负激活"的影响，也就是说，当我们在做特定的事情时，DMN 的活动就会减少。例如，当被 fMRI 成像的人被要求穿针引线时，即使视觉和运动皮质被激活，这个人的高水平 DMN 也会变得不那么活跃。这是因为这个人专注于外部世界非常狭窄的一部分。大多数与脑部扫描实验结合使用的实验室任务都是这种类型的。它们相对简单并且涉及外部进行关注的任务（比如，根据刺激物的颜色来分类，或者从 100 开始倒数 7 秒）。然而，当参与者按要求完成诸如性格问卷之类的任务时（这些任务要求他们提供关于自己的信息，或者探究自己内心的情绪或偏好），DMN 活动仍然强劲，或者在进行内心探究时重新出现。

思考 DMN 如何参与执行功能的方法之一就是重新审视思维 TOTE 过程的概念。同样，这个过程首先涉及选择自我调节的目标或标准（"我想要什么？"）；然后进行测试，以确定差异的性质（"缺少了什么？"）；操作，减少当前现实与期望的未来目标状态之间的差异（采取行动）；再次测试，以确认差异已经消除（"我到了吗？"）；或者再次操作（如果需要的话），或者退出 TOTE 过程。

这种描述似乎符合我们对 DMN 活动的了解。当处于"默认"模式的人被打断并被问及他们在想什么时，他们通常会说在想他们想要什么。这种自我导向的思维似乎是合理的，它代表着大脑不断地试图决定把身体的能量投入到哪里，它试图为它的行动系统设定下一个目标和标准。根据克里斯蒂安·李斯特的自由意志模型，它是一种自我引导的产生备选方案的过程，以便在它们之间做出选择。

一旦选择了某个备选方案，情况就会发生变化。测试（"我到了吗？"）可能涉及 DMN 活动，也可能不涉及，这取决于任务的抽象性。例如，"穿针引线了吗？"可能不会唤起 DMN，而"我对我的婚姻满意吗？"有可能会唤起 DMN。当我们专注于一项简单或低级的任务时，比如穿针引线，我们就会进入"自动驾驶"模式，不需要高级别的监控。在这种情况下，激活从监控系统流向需要加强的较低层次的行为系统。一些研究表明，DMN 在困难的（但仍然是具体的）任务中停用得越多，这个人在执行这些任务时就越成功。

当任务完成时，最后的测试将进行。我们回到一个更广阔的视角，问自己："我完成了我开始做的事情了吗？我对自己的所作所为有何感想？现在我能忘记任务，放弃控制，让我的思想再次自由漫游吗？"与这一描述一致的是，研究表明，在实验任务完成后的几分之一秒内，DMN 会完全重新激活。我们走出隧道，回到自由漫游的自然状态。

❦

随着我们对大脑组织最高层的了解越来越多，我们发现它们貌似越来越像我们，总是潜伏在幕后。也许 DMN 和符号自我是同一基本现象的物理外部和主观内部，这与自上而下的因果关系的概念一致；也许符号自我是 DMN 的控制者。2008 年，兰迪·巴克纳（Randy Buckner）、安德鲁斯 - 汉娜和丹尼尔·沙克特（Daniel

Schacter）提出了一个有趣的"哨兵假说"，即 DMN 持续监测外部环境，寻找重大的不可预测事件。它对我们周围发生的事情保持警惕，以防我们需要做出突然的决定或采取行动。换句话说，符号自我总是在一旁观察和等待。我们已准备好向前迈出一步，并在必要时接管控制权。

第七章
过度自由的问题

我们已经看到，人类生活在符号自我中，这些自我负责做出选择，它们是我们系统中的执行者，可以在有限的范围内自由地做自己喜欢做的事情。但我们自由不代表我们聪明！自由也包括犯错的自由，而且犯错是难免的，毕竟，符号自我存在于一个充满想法和叙事、故事情节和主题、冲突和困惑的世界中，这个世界是层层叠加在神经元世界之上的。著名哲学家卡尔·波普尔（Karl Popper）和诺贝尔奖获得者神经学家约翰·埃克尔斯爵士（Sir John Eccles）在他们颇具影响力的著作《自我及其大脑》（*The Self and Its Brain*）中称之为"世界2"，这个心理意义的世界几乎神奇地产生于生理的大脑神经系统的"世界1"。符号自我使用心理过程（就像细胞使用化学反应，大脑使用身体一样），但它不仅仅是这些因素的可预测结果：符号自我拥有执行能力，可以影响身体机器下面发生的事情，就像CEO的决定影响公司内部员工的行为一样，尽管CEO并不认识所有这些员工本人。

最奇怪的是，在某种程度上，我们与我们的身体机器隔绝了，就像精神"鬼魂"一样。我们的机能自主性允许我们做几乎任何当时发生在我们身上的疯狂事儿，不管多愚蠢或适应不良！我们甚至可以自由地自杀，这是对我们肉体的终极侮辱。正如精神病学家安德拉斯·安杰亚尔（Andras Angyal）在1941年所写的那样："有机体中符号自我的相对隔离可能是人类人格组织中最脆弱的地方。"根据安杰亚尔的说法，问题在于我们很容易被我们的自我信念愚弄、迷惑和欺骗。我们可能总是认为自己道德高尚或生性善良，但我们的家人可能会告诉我们相反的情况；或者，我们可能认为上医学院是个好主意，忽略了患者会让我们不舒服的事实。这是激进自由意志存在的困境之一：我们总是在对自己的实际本性和状况了解不足的情况下做出选择。难怪我们有时害怕自己的自由。

从这个角度来看，作为符号自我，我们的诀窍在于获得对自身潜在状况的足够了解，从而为自己做出合理的良好选择。符号自我可以充分地反映它自己的整体吗？我们可以"重返伊甸乐园"[比如，乔妮·米切尔（Joni Mitchell）重返"伍德斯托克音乐节"]，重新接触自己更深层次的本性吗？

回想一下，根据塞迪基德斯和斯科朗斯基的观点，符号自我有三个基本功能：提供一个与社交世界中其他人的面孔交互的社会面孔；保护这个面孔免受威胁；此外，也许最重要的是运行和规范行动系统，它为 TOTE 过程选择目标和标准，并监督其实施。符号自我的第四个关键功能，也是本章的重点，就是准确地表现或模拟它产生的深层系统。如果自我是一个模型，那么它一定是某种东西的模型。因此，它可能是一个准确的、包容的模型，或者，它可能是一个不准确的，甚至是被误导的模型。毕竟，用语义学理论家阿尔弗雷德·科日布斯基（Alfred Korzybski）的名言来说："地图不是领土。"如果地图太不准确,那么,一个人可能无法为他或她自己做出明智的选择。也就是说,他们旅行时带错地图了。

让我们回到托尼身上,让这个问题更具体一些。再次强调,托尼是一个"投手",偏向于在不该投篮的时候投篮,部分原因是他把自己想象成未来的职业篮球运动员。这就是他目前关于他是谁,以及他将成为谁的理论。但假设托尼真的没有足够的运动天赋走到那一步,他是在自欺欺人。再进一步假设,托尼真正的才能在于其他方面,即音乐。他知道自己有音乐天赋,因为唱歌对他来说是天生的,他的朋友们听到他唱歌时都会赞扬他。但他一直认为音乐是条死胡同,不会给他带来他想要的金钱和名声,只有篮球可以做到这一点。因此,托尼的音乐天赋目前正在衰退。他没有为自己提供发展这种才能所需的经验。

托尼的问题在于,他有机能自主性,可以无视、忽视自己更深层次的本性和潜能。他脱离了自我,在一种有缺陷的自我理论和一种倾向于金钱、地位的价值体系中运作。在他心目中,他就是下一个奥运会金牌得主勒布朗·詹姆斯。但这种模棱两可的叙事在阻止他编造不同的故事，即他会成为一名音乐家，通过创作和表演的音乐去影响数百万人的生活。我们该如何理解托尼的真实身份和他自认为的符号自我之间的分裂呢？

也许在过去的三十年里，研究心理学最深刻的发展就是现在被广泛接受的"系统1"认知和"系统2"认知之间的区别，丹尼尔·卡尼曼（Daniel Kahneman）在他2011年出版的大师级著作《思考，快与慢》（*Thinking, Fast and Slow*）中对此进行了充分的描述。

基本的观点是我们的大脑有两个思维。第一思维（系统1）进化得更早，在所有脊椎动物中都有。它是本能的、富有情感的，是我们自动反应和联想的根源。系统1让我们在"自动驾驶"模式下完成熟悉的任务（开车、拉上拉链、刷牙），并给了我们对世界的即时印象和冲动。所以，系统1是我们在思考之前的反应。在某些情况下，它为我们提供了深刻的直觉，也能反映出令人不安的偏见和成见。

第二思维（系统2）进化得较晚，只在我们人类身上发现。我们有高度复杂的大脑皮层，而系统2是在较老的大脑系统之上分层的。系统2是深思熟虑的、合乎逻辑的，是理性之所在。它以语言为基础，让我们做一些事情，如专注于我们关心的特定刺激，解决多步数学或逻辑问题，或者有意地挖掘我们的记忆来回忆一个人的名字。它还允许我们纠正自己的偏见和成见（前提是我们选择这样做）。

这两个系统之间的主要区别是，系统2使用语言和有意识的思想来刻意地处理问题，通常是在一系列理性的过程中，属于"慢想"。相比之下，系统1是先于语言的"快思"。这与我们的自主反应有关，它往往主宰一切，除非我们进行推翻，即我们使用本杰明·利贝特所说的"自由拒绝"。记住，在多层次结构中，较高层次的过程总是比较低层次的过程运行得更慢，因此符号自我总是最后登场。深入回忆一下，符号自我源自了解它自己的生活故事、累积的历史和自我感觉的具体特征。这些事实表明，符号自我大多存在于系统2中，即语言世界、叙事世界、有意识意图的世界。

卡尼曼试图唤起在系统2中生活的符号自我的奇特

情境，他说："讽刺的是，我是我的记忆自我，而那个以我为生的自我对我来说就像一个陌生人。"这句话深刻地描述了这样一种困境：作为一个实体，它试图以基于语言的顺序方式（系统2）来解决问题，但又生活在比系统1更深的地方。在自我反省的过程中，记忆（符号）自我切断了与先于语言的（自动）自我的联系，貌似迷失在了狭窄的"自我隧道"里。

当然，系统2的自我也受系统1的影响，因为它不断地发现自己已经形成的印象和联想从系统1冒出来。它并没有创造这些印象和联想，尽管它经常通过早期的选择（我们称之为"自我调节"）对它们产生影响。尽管如此，系统2仍然拥有推翻系统1、忽略或忽视它的机能的自主性。托尼目前生活在一个符号自我中，这影响着他所做的选择（"我是未来的NBA球星，所以，我不会去上音乐课，这可能会影响我的篮球生涯"）。这个符号自我阻止他在人格中开发几乎不被承认的才能，包括系统1中逐渐消失的才能，比如他的音乐鉴赏能力。换句话说，他的符号自我在第四个功能上失败了，而第四个功能可以准确地代表托尼的真正价值和潜力，使他能够追求适当的目标。

三十年来，我一直在研究人们设定和追求广泛的个人目标的过程，以及他们实现这些目标后会发生什么。许多心理学研究只把参与者局限于特定的任务，或者问他们预设的问题，与之不同的是，我的研究通常更加开放，可以说是让参与者更进入生活。我们首先要求参与者告诉我们他们在做什么，即他们正在追求或想在不久的将来追求什么目标。尽管目标具有多样性和主观性，但在参与者根据不同的评分选择目标后，我们仍然可以收集到大量的定量数据。

在一段时间（通常是一个大学学期）伊始，在一个典型的研究中，我们可能会问参与者："在这段时间里你将致力于什么目标？"在他们列出一些目标后，我们要求他们致力于实现这些目标，并尽最大努力完成这些目标。他们几乎总是愿意尝试，因为他们喜欢明确追求他们（认为自己）想要的东西的想法。然后，我们测量他们追求每个目标的内源性动机（与我通过徒步者测量PCT的内源性动机和认同性动机的方法相同）。作为控制变量，我们也会问一些问题，比如，目标有多难实现，它们有多重要，或者实现目标的路上有什么障碍。很多时候，我们还会在研究开始时测量参与者当前的幸福水平或幸福感，因为我们相信设定目标并为之努力是人们追求幸福的一个重要手段。

接下来，我们跟踪参与者在一段时间内实现目标的进展情况。他们付出了多少努力？他们做得怎么样？他们遇到了哪些意想不到的困难？在学期结束时，我们会衡量他们是否真的实现了他们的目标，如果没有，我们会衡量他们朝着目标取得了多少进展。当他们在9月或1月列出目标时，他们得到了他们想要的吗？这对他们的心理有什么影响？根据我们的测量，实现目标是否使他们比以前更健康或更快乐？或者，如果他们未能实现目标，这是否拖累了他们，使他们的境况比开始时更糟糕？我们进行这些研究的目的不仅仅是将大学生的欲望分类。它是为了发现什么样的目标真正能提高并保持人们的幸福水平，以及人们是否不应该费心设定和追求一些目标，因为这些目标不太可能对他们的幸福产生积极的影响。

请注意，克里斯蒂安·李斯特关于"自由意志"定义的三大要素都体现在我们的目标研究方法中。在决定如何填写目标列表时，参与者必须先想到并考虑各种备选方案。然后写下这些选择的子集，组合成特定的意图。最后，他们才有能力在未来几周内采取行动，接近所选择的方案（尽管他们在这些行动中并不总是成功）。我致力于个人目标研究，为探索自由意志的能力提供一种完美的方法论。

但是，我们仅仅做出选择，并不意味着我们总能做出正确的选择。我最早的且引人注目的发现之一就是，当人们列出要追求的目标时，他们通常会写下他们似乎并不想要追求的目标。他们对这些目标的评分表明，他们并不期望享受追求这些目标的过程（内源性动机），也没有真正看到其中的价值和意义（认同性动机），感觉就像他们选择了错误的目标。

这种情况很容易发生，因为在我们的个人目标研究中，我们几乎没有给参与者写什么指导性文字。他们收到一张白纸，并且必须自己填写。这和生活本身没什么两样。因此，他们的目标选择可能只是猜测。这些猜测可能会被许多不同的因素所扭曲，包括（更高层次的）社会因素，比如，他们的朋友和父母认为什么是重要的，或者文化告诉他们什么是重要的；或者，他们会被生活在其中有偏差的符号自我所扭曲，即被他们自己的自我错觉所扭曲。自我错觉反映了我们对自己的偏差定义，即使是我们的朋友和家人也会告诉我们，那是错误的。例如，托尼最好的朋友阿兰可能会怀疑托尼的 NBA 明星叙事，觉得托尼把所有的时间和注意力都投入到篮球上是一个错误。但阿兰可能不愿意说什么，也许他在等待合适的时机，或者在等托尼询问他的想法。

设定目标在很大程度上是一个系统过程：人们会认真思考自己想要什么，然后把这些目标写在纸上（或显示在电脑屏幕上）。这个口头设定目标的过程具有相当大的机能自主性；它不仅仅是由较低层次的过程决定的，甚至包括一个人自己更深层次的喜好和欲望，并且存在于系统 1 中。但这种功能上的自主性会让系统 2 显得有些愚蠢。它可以自由地做它不想做的事情！在我们的研究中，我们将那些匹配并表达一个人更深层次或无意识的兴趣、需求和才能的目标称为"自我和谐"。我们的研究对象设定的许多目标是"不和谐的"，它们并不真正适合设定目标的人，因此也不是他们真正想要的。

～

这里还有一种思考这个问题的方法。人格心理学的一个重要领域研究两种动机之间的差异：内隐动机和外显动机。内隐动机会影响我们在生活中无意识的方向，甚至不需要我们思考。也许我们会倾向于那些我们能取得高成就的环境，或者我们能与他人建立亲密关系的环境，或者我们能凌驾于他人之上的环境。内隐动机来自我们过去的经历，也可能来自我们的基因。我们自动地、无意识地表达我们的内隐动机，通常是无意识的。

外显动机是指我们所说的我们想要的，通常发生在我们回答个性调查的重点问题或与另一个人对话的时候。事实证明，外显动机在很大程度上受到想要给他人留下好印象的欲望的影响（我们在心理学中称之为社会愿望）。它们也可能受到无知的影响，比如，我们在不知不觉中接受了错误的自我理论，或者没有提出质疑。由于这些和其他因素，我们所说的我们想要的可能是相当离谱的。我们的外显动机可以自由地与内隐动机"脱节"。

为了更好地理解这两种动机之间的区别，我们很有必要思考一下在研究性学习中如何衡量它们。内隐动机通常是通过要求人们写关于模糊场景的故事来衡量的。之后，研究人员仔细阅读并对这些故事进行"内容编码"，寻找特定类型的主题。在这个过程中，每个参与者都可以从编码的每个主题中获得一个分数。

假设给一个参与者看一张科学实验室里两个女人的照片。这是图片故事练习（PSE）中的一张卡片。PSE是主题统觉测试（TAT）的现代版本，该测试可以追溯到 20 世纪 40 年代。当一个人受命推测场景中发生了什么时，他可能会将自己的内隐动机"投射"到故事中，说这两个女人真正想要的是亲近，但事情总是阻碍她们的动机。这个人会在"内隐的亲密需求"上得到高分。内隐的成就动机高的人可能会有不同的说法，认为这两位女性是竞争对手，她们都在申请同一项研究资助，因此这个人会在"内隐的成就需求"上得分更高。在这些研究中，重要的是参与者不知道测量的是什么，也不知道他们说的故事将被如何编码和分析。参与者不知道他们写的故事其实是关于他们自己的，而不是照片里的人的。这就是为什么得分可以揭示无意识的动机。

当然，询问外显动机要简单得多："你是一个非常在意成就的人吗？你很在乎你与他人的联系吗？你很渴望拥有凌驾他人之上的权力吗？"在这种情况下，参与者可以说任何他们想让我们（可能还有他们自己）相信的话。

我们从这样的研究中学到的是，内隐动机和外显动机的衡量标准几乎完全不相关。它们几乎是独立的系统。这就好像人们经常认为他们想要某些东西，或者他们至少说了他们想要某些东西，但他们实际上并不想要。当我们知道自己真正想要什么，并被世界所吸引时，我们可能会相当茫然。

今天，人们普遍认为，内隐动机植根于系统 1（我们本能的、"快速"的行为偏好），而外显动机植根于系统 2（我们深思熟虑的、"缓慢"的语言偏好）。内隐动机大多是无意识的，因为它们是我们在思考之前的反应。外显动机大多是有意识的，因为它们是我们思考后的反应。这两者之间存在一定程度的分歧，这也是人之常情，因此我们不能指望对自己了如指掌。但是，内隐动机和外显动机也可能存在很大程度的分歧。当这种情况发生时，这可能是一个标志，表明符号自我对于自己到底是谁，以及自己真正想要什么深感困惑或受到误导。在这种情况下，我们很难做出明智的选择。我们用错地图了。

研究内隐动机和外显动机之间关系的研究人员通常计算一个差异分数，即内隐动机得分和外显动机得分之间的差异。例如，假设托尼并不真的认为自己对名誉、权力和荣耀感兴趣，他更愿意认为自己是一个有团队合作精神的人。在自我报告测量中，参与者在明确的权力需求上的得分可能是平均水平，正好在样本均值处。他觉得自己和其他人没什么两样。但假设当他写故事回应模棱两可的图片时，一种强烈的、无意识的、对权力的兴趣就显露出来了（"其中一个女人试图想办法打动另一个女人，赢得她的忠诚"）。在内隐的权力需求方面，托尼的得分可能比样本均值高出一个标准差。这种偏差代表了他的内隐动机和外显动机之间的差异程度。这也表明，在系统 2 中，他的机能自主性在多大程度上可能使他对系统 1 中自己的自动倾向视而不见。

　　然而，在我的自我和谐目标研究中，我们使用了一种不同的、更简单的测量策略。我们问参与者："你为什么要追求你写下的每一个目标？"我们认为自我和谐的一个重要特点是，追求匹配良好的目标是出于更多的内部或自主原因（无意识动机和有意识动机之间的良好匹配），因为这个人真的喜欢这些目标（内源性动机），或者认为它们非常重要却不总是令人愉快（认同性动机）。这样的目标"感觉是对的"，追求起来没有任何阻力。相反，不和谐的目标是那些感觉被控制的目标，即我们因为父母的要求而去追求的目标（外显动机），或者我们不得不为了追求而感到内疚的目标（内摄性动机）。在一个人的生活目标中保持高度的自我和谐就是要有很多内隐动机（"我想要"），而没有太多外显动机（"我必须要"）。

　　这项测试最有趣的一点是，它涉及参与者对他们刚刚写下的目标的反应。即使人们可能不直接知道自己想要什么（如何填补生活的空白），但他们可以知道自己对想要的东西的感觉！系统1为我们提供了这些情绪上的本能反应，参与者可以简单地将这些反应记入评分。

我们的假设是，当人们追求那些表达了他们内隐或无意识动机的目标时，他们会感到更有内在动力。这一假设现在在许多不同的实验中都得到了支持。在这样的研究中，我们随机分配参与者写下一种类型的目标（比如，三个专注于成就的目标，或者三个专注于亲密关系的目标）。这样的研究发现，如果指定的目标类型与参与者的内隐动机相匹配，那么，他们在追求那一组目标时就更会感到自我和谐。如果内隐成就动机高的参与者碰巧被分配了成就目标，他们对这些目标的感觉会比那些不符合他们内隐动机的目标好得多，就好像他们可以完全赞同和拥有这些目标一样。如果他们被分配到了不匹配的目标，比如亲密目标，那么他们通常会对目标不感兴趣，对目标的认同感也会降低。

系统2的目标和系统1的倾向是否相匹配，这一点很重要吗？是的！自我和谐的好处是多方面的。首先，自我和谐的奋斗者在追求目标时表现出持续的能量和毅力。他们不顾挫折继续前进，从长远来看，他们更有可能实现他们的目标。他们的目标表达了他们最深刻、最持久的兴趣；他们的目标对他们很重要，并且一直对他们很重要，因此，他们会尽一切努力实现这些目标。其次，当他们最终实现自己的目标时，他们的幸福水平会在更大程度上得到提高，而且这种幸福感的提升比目标不匹配时更有可能持续。PCT 徒步者在徒步过程中形成了更强的认同性动机，他们更有可能完成徒步任务，也更有可能从这一成就中获得快乐。

选择自我和谐的目标可能并不总是像我描述的那样困难，许多人确实知道或随着时间的推移而学会了如何正确地凭直觉判断自己喜欢什么和擅长什么。我想，我很幸运能够加入这个阵营，但有人站在了相反的阵营中，人数之多令人咋舌，他们生活在空洞妄想中，不知道什么是重要的，也搞不清自己是谁。他们关于这些的错误叙事会限制他们对生活的信念。关于什么给他们带来有意义和快乐的真相，他们一直蒙在鼓里。

那么，我们怎样才能学会选择更有意义的目标呢？我们怎样才不会把几十年的时间浪费在我们并不真正关心的事情上呢？我们如何缩小内隐动机和外显动机之间的差距，即缩小系统 1 和系统 2 之间的差距呢？

公认的技巧之一就是进行正念冥想，在解释信息之前，你试着把注意力集中在脑海中浮现的东西上。在培养正念时，系统 2 实际上是在说："让我真正地观察系统 1 中发生的事情，而不是假设我已经了解自己的一切。"人们通过练习这种冥想，学会注意到自己内心发生的非常微妙的信号（稍纵即逝的想法，瞬间的情绪反应，心跳的加速），然后在做选择时将它们考虑在内。练习正念冥想可以帮助符号自我变得不那么脱离它自己更深层的个性，使它能够更好地表现那种性格特征。于是，"鬼魂"变成了自己身体机器的一面更好的镜子。

还有一种学习如何做出更好选择的方法，就是询问那些非常了解我们的人，他们认为什么对我们有好处，这是心理学家蒂姆·威尔逊（Tim Wilson）在其 2000 年出版的优秀著作《我们是自己的陌生人》（*Strangers to Ourselves*）中提出的方法。在很多方面，亲近的人比我们更了解我们自己。他们可能会看到我们目前忽视的方面，或者，我们在盘算中没有给予足够重视的方面。

回想一下托尼在大学篮球队的朋友阿兰，他知道托尼没有 NBA 级别的篮球天赋。如果托尼在不经意间问阿兰对托尼的职业机会有什么看法，托尼可能不喜欢他得到的答案，但听到阿兰的回答（"兄弟，我并不看好啊"）可能有助于托尼开始考虑篮球以外的职业生涯。阿兰甚至可以让托尼开始思考他的音乐天赋会带他走向何方。也许，最后，托尼会决定拥抱音乐。

学习追求什么目标（想要什么）的另一个技巧是，在我们承诺之前（而不是之后）思考一下为什么我们要追求这个目标。我们像托尼一样，有时会坚持选择不合适的目标，其中一个原因是，做出决定（任何决定）都会产生强大的心理影响，让我们觉得自己无法回头。心理学家彼得·戈尔维策（Peter Gollwitzer）在他的行

为阶段模型中将这一阶段称为"卢比孔河",即恺撒大帝渡过的那条河,标志着罗马内战无法再避免的时刻。戈尔维策的卢比孔河模型总结了他几十年来关于我们在做决定前和做决定后的思考方式之间差异的研究。

该模型表明,在我们做决定之前,在"选择"阶段,我们怀有"审慎"的心态。我们仔细考虑我们可能的选择,收集信息,权衡利弊。我们还没有准备好做出承诺,我们正在努力确保我们会做出正确的决定。

但在我们做出"渡过卢比孔河"的决定之后,一切都变了。承诺在手,我们怀有"执行"的心态。我们考虑计划,考虑获得我们想要的东西的具体方法。我们也为自己的决定辩护,试图说服自己这些决定是正确的。我们执着于"决策后的失谐消减",试图避免"如果我选错了该怎么办"的话题。在这一点上,我们宁愿假设我们的选择是正确的,并继续前进。

在我的自我和谐研究中,我和我的同事通常要求参与者们首先列出一系列目标,然后对他们追求这些目标的原因进行评价。根据他们对自己动机的评价,他们的目标选择已经是板上钉钉的事了,参与者已经"渡过了卢比孔河"。

然而，在 2019 年的一项实验中，我们改写了这个脚本。实验中有两个条件。在第一种条件下，参与者首先从六个"备选"目标中选出三个，他们承诺在整个学期的课程中实现这些目标。我们提供的备选目标是经过精心挑选的，要么是"内源性"内容（与成长、帮助他人和与他人建立联系有关），要么是"外源性"内容（与金钱、地位和外表有关）。过去的研究表明，内源性目标促进幸福和福祉，而外源性目标与幸福和福祉无关，甚至是负相关（这是 SDT 的第四个小理论，也是目标内容理论的基础）。在选择了三个目标后，参与者对他们追求这些目标的原因进行了评价。这是自我和谐研究的典型设置。

在第二种条件下，我们颠倒了操作的顺序：参与者首先评价他们为什么可能追求所有六个备选目标，然后选择三个在本学期剩下的时间里去追求。这给了第二组参与者一个机会，让他们在做出决定之前思考各种可能性。在评估目标时，他们必须问自己："我为什么要追求这个目标？是因为它看起来有趣或有意义，还是因为我感到了追求该目标的压力？"

两种条件下的参与者最终都选择了三个目标，但第二种情况下的参与者必须做更多的工作，他们给六个目标打分，而不是只给其中三个目标评分。额外的工作值得吗？是的！我们可以这样理解：正如我们预测的那样，参与者在做出选择之前必须思考他们为什么要追求这些目标，因此在他们最终设定的目标中更多地选择了内源性目标。没有得到这个机会的参与者最终更多地选择了外源性目标。结果证明，这对他们自习室之外的生活产生了影响。尽管两种情况下的参与者在学期开始时是一样的快乐（如你所料，鉴于他们的条件是随机分配的），"先打分再选择"条件下的参与者选择了更多的内源性目标去追求，在学期结束时比"先选择再打分"条件下的参与者要快乐得多。

这个技巧非常简单且显而易见，回想起来就是：在决定是否真的去做一件事之前，先想想你做这件事的动机。它唤起了系统 1 中的一种情感上的勇气，帮助你意识到什么最有可能是有意义的和有回报的。关键是在实施之前要深思熟虑。

设定目标是我们作为自我所做的最重要的任务，我们成功完成目标的能力在很大程度上依赖于我们使自我的两个系统协同工作的能力，也就是说，威廉·詹姆斯的"宾格我"和"主格我"，或者丹尼尔·卡尼曼的"系统 1"和"系统 2"。这项工作并不容易。正如苏格拉底（"了解你自己"）和本杰明·富兰克林（"世上有三样东西极其坚硬：钢铁和钻石，以及认识自己"）指出的那样，真正了解自己可能是我们最难做的事情，但结果是值得奋斗的。当我们能够避免屈服于外部压力（真实的或想象的），或者满足于肤浅的诱惑，并且设法在目标中表达我们最衷心的愿望时，我们就会找到一种更深层次的幸福和自我实现。这是我们自由意志的目的，也是自由意志的承诺。

　　到目前为止，我已经谈论了很多关于幸福的话题，但我还没有给它下定义。幸福是什么？我们如何才能达到如此难以捉摸的境界？我们现在转向这些问题。

第八章
带来幸福的因素

为了在调研背景下研究幸福，我们必须找到一种衡量幸福的方法。许多和我交谈过的非心理学家在听到这句话时都犹豫了："你怎么可能衡量幸福？""看起来太复杂了！"事实上，衡量幸福是很容易的（当然与心理学家衡量的其他东西相比）。心理学家埃德·迪纳（Ed Diener）在 20 世纪 80 年代开启了幸福研究，他将幸福定义为三个因素的组合：在生活中感到许多或强烈的正面情绪和情感（积极情感）；感到很少或微弱的负面情绪和情感（消极情感）；调整自己对生活的总体满意度（生活满意度）。当心理学家测量积极情感、消极情感和生活满意度时，他们总是发现，幸福的这三个方面是高度相关的（对于消极情感，相关性是负的）。

但情况并非总是如此。一位妇女在她女儿坐牢时要照顾小孙子，这可能会让她产生额外的消极情感，因为她突然要照顾一个固执的小孩，还要承受女儿入狱带来的情感余波，但同时，她会获得更大的生活满足感。她觉得自己可以帮助这个孩子，这才是真正重要的。在这里，消极情感和生活满意度可能会同时升高，也就是说，这些变化可能是正相关的，而不是负相关的。但大多数情况下，这三个方面的联系如此紧密，以至于它们可以合并成一个综合的衡量标准，即主观幸福感（SWB），我们通常称之为"幸福感"。这个原则可以用一个公式来概括：主观幸福感（SWB）＝积极情感＋生活满意度－消极情感。拥有高度的主观幸福感，意味着我们拥有许多或强烈的积极情绪状态（快乐、鼓舞、决心），拥有很少或微弱的消极情绪状态（羞耻、恐惧、敌意），对自己的生活总体上感到满意（"如果我可以重来一次，我不会改变任何事情"）。

主观幸福感是你能想象到的生活中几乎所有积极结

果的主要预测因素。快乐的人身体更健康，免疫功能更好，婚姻更持久，朋友更多，赚的钱更多，甚至比不快乐的人活得更长。这样的例子还有很多。有人可能会反对："当然，当你健康、经济上有保障且社交活跃时，你很容易感到快乐！"换句话说，幸福可能只是一个人做某事进展顺利的结果，而不是他做得很好的原因？研究表明，并非如此。那些设法变得比以前更快乐的人（这可能包括找到一份令人满意的新工作、步入一段充满爱意的新婚姻，甚至拥有一个濒死经验）随后可以在许多其他方面提高自己的能力。积极情感在许多方面帮助我们，就像将社会交往这个齿轮润滑了一样，给我们自信去尝试我们想要的东西。幸福的好处已经得到了心理科学的标准验证。

不幸的是，我们无法通过扫描一个人的大脑来确定他们的情感或他们对生活的满意程度。因此，研究人员在进行测量时必须依赖参与者的自我报告。这让我们也面临着决定论者对自由意志的怀疑（"你感到自由并不意味着你是自由的！"）。例如，你们中的一些人可能会想："等一等！仅仅因为一个人报告的SWB高并不意味着他的生活真的很好！如果他们只是受蒙骗了或自欺欺人，甚至故意对世界上所有的苦难视而不见了呢？如果他们的幸福是一个神话，就像自由意志可能是一个神话一样呢？"

我只想说：如果幸福是一种错觉，那么，它就是一种非常强大和重要的错觉，它能真正改变我们的生活质量（就像自由意志一样）。虽然一个人确实可以在幸福问卷上撒谎，假装感觉比实际更好（或比实际更糟），但这种情况发生的次数比你想象的要少得多，程度也要小得多。尽管在测量中总有一些可量化的误差（就像在任何研究中一样），但在测量幸福时，确实存在一种"一致性"。对于一个人的幸福水平，测量者们的意见相当一致，这一事实就证明了这种一致性。如果约翰认为他很幸福（或不幸福），那么他的朋友、同事和家人也会这么认为。

即便如此，怀疑论者可能会说："也许约翰只是成功地投射了一个虚假的外表，欺骗了别人，也欺骗了他自己，事实上，他内心深处真的很痛苦。"也许吧，但这很难实现。真正的快乐会在我们的脸上显现，而虚假的快乐则不会。别人可以看到我们的内心深处，也可以看到我们是否快乐。

19 世纪晚期，法国生理学家纪尧姆·杜兴（Guillaume Duchenne）发现了所有人类都会展现的一种特殊的微笑——杜兴式微笑（现在沿用的定义）。杜兴式微笑是一种使人们的面部焕发光彩的微笑，微笑的人不仅嘴角上扬，眼睛和脸颊也会皱起。我们都知道杜兴式微笑。我们都知道，杜兴式微笑只出现在那些真正感受到自己面部所表达的积极情绪的人的脸上。他们似乎有一种"内在的光芒"。许多研究表明，我们会自动喜欢和立即信任那些杜兴式微笑者。

无论是出于礼貌，还是为了给人一种有意达成共识的印象，人们确实经常试图摆出微笑的姿势，这些"社交型微笑"是我们"军械库"中重要的工具，我们都会在必要时假装愉快地微笑。但我们的脸知道我们在作假，我们的脸也会表现出来！感知者很容易区分礼貌的社交型微笑和真心的真诚型微笑。在最近的一篇文章中，我们认为，看到这种差异的能力是人类的自然选择结果（也就是说，它在我们身上进化），是因为真诚的微笑给了我们重要的信息，这是他人真实感受的"诚实信号"。在进化理论中，诚实的信号是一种明确宣传健康与健美的特征。举个例子，一只雄孔雀特别华丽的尾巴表明它是一只特别令人印象深刻的动物，而且，这是一个无法伪造的信号，因为孔雀必须非常健康才能长出这样的尾巴。在我们的评论文章中，我和同事们提出，对人类来说，杜兴式微笑是"一种欣欣向荣的生活方式"的诚实信号，而这种生活方式提供了许多愉快和令人满意的体验。杜兴式微笑之所以诚实，部分原因是它们很难伪造。除非微笑者有强烈的积极情绪，否则很难产生这种微笑。

几年前，我开始想，一个强烈的杜兴式微笑是否也可能标志着一个人的道德品质。我想到这个问题是因为我很少看到"邪恶"的人露出灿烂的微笑。这就好像，尽管他们有权力，但他们已经走上了一条无法带来温暖的人生道路。他们的微笑看起来更像是鬼脸、傻笑或愁眉苦脸，并非真诚地表达善意。

心理学是一门科学，所以我需要找到一种公正的方式来测试这个有趣的想法。我们所做的是：从一个囊括了一些被指控性侵犯的牧师的大型公共数据库中，收集了32个确实犯有此类罪行的牧师的清晰照片，这些照片是他们在职业生涯早期（在他们被定罪之前，但可能是在他们的行为开始恶劣之后）配合教堂宣传而拍摄的。32位牧师都穿着牧师的服装，大多数都露出了某种微笑（或者痛苦的鬼脸）。我们将这32张照片与后来在各自教堂取代被定罪牧师的新牧师照片进行对比，总共有64张照片（这种配对使我们可以控制哪个牧师来自哪个教区）。所有64张照片都是穿着长袍的中年男子的头部和胸部图，他们正在为官方教堂照片摆姿势。初步数据显示，两组人的感知年龄没有差异，这反映了一个事实，即被定罪的牧师照片通常是在他们被定罪之前很久拍摄的。

对于这样的重大研究，我们将这组64张图片样本呈现给多人，向参与者提出两个问题。第一次观察这组照片时，我们问道："这个牧师看起来有多开心？"参与者给每个牧师打分，一次一个。第二次观察这组照片（打乱了第一次展示照片的顺序）时，我们问道："得知这些牧师中有一半实际上被判性犯罪，你认为哪些人被判有罪？"参与者也会一次性做出是或否的判断。

参与者注意观察这些照片样本，从而分辨出哪些面孔属于后来被定罪的牧师，哪些面孔属于替换的新牧师，猜对的概率实在太高了。他们是怎么知道的？因为被定罪的牧师看起来没有未被定罪的（和未被怀疑的）牧师快乐，而且表现出较少的杜兴式微笑。他们的笑容看起来更痛苦，或更矛盾，或完全令人毛骨悚然。被定罪的牧师明显的不快乐从统计学上解释了参与者如何能认出他们。尽管所有这些人在拍摄照片时的年龄段和职业生涯都是一样的，并且这些被定罪的牧师的照片都是在他们被指控之前很久拍摄的，但是，我们的参与者已经可以看出后来被定罪的牧师看起来很不高兴，他们把这作为推断这些牧师可能容易做出犯罪行为的线索。我们的"信号检测理论"表明，他们在这些判断中往往是正确的。

在我们 2019 年的文章中，还在不同的一组照片中发现了相同的模式效应，与对照组的照片相比，这一组的人会因各种罪行被传讯。这是一个更为保守的测试，因为一些被传讯的人可能是无辜的。尽管如此，我们还是发现了同样的模式效应，证明这并不是牧师数据集所独有的。我预计，在被判犯有内幕交易罪的银行家、被吊销律师执照的律师或被发现作弊的运动员身上，也会出现同样的模式效应。

简而言之，我们最近的研究表明，"邪恶"（或至少是不道德的生活方式）在人们的脸上表现出可察觉的程度。但是，当然，这些是非常不寻常的图像样本。我们能否仅仅从普通人的面部照片来预测他们自我报告的主观幸福感？太好了！在一项研究中，我们要求大学生参与者在做调查时"自拍"并上传自拍照。我们还要求他们评估自己当前的心情。后来，我们要求评委对参与者的自我评价的主观幸福感视而不见，而对这些自拍中展示的杜兴式微笑进行评分。结果表明，评委对参与者自拍中杜兴式微笑的评分与参与者自我报告的积极情感呈正相关，而且远远高于概率水平。参与者自我报告的积极情感越强烈，自拍中的笑容就越真诚，也就越容光焕发。快乐是通过我们的身体表达出来的，别人也可以看到。

所以，如果真正的幸福无法伪造，那么，我们如何获得真正的幸福呢？幸福的钥匙是什么呢？

针对牧师的研究表明，道德品质以杜兴式微笑的形式写在人们的脸上，这提供了一个重要的线索。也许，要幸福，你必须是个好人，要追求美德、拥有良好的人际关系、做出贡献，你要过上有道德的、诚实的生活，你要不屈从于卑贱的快乐。

这实际上是一个非常古老的想法，可以追溯到古希腊哲学家亚里士多德。亚里士多德在他著名的《尼各马可伦理学》（*Nicomachean Ethics*）中说，我们应该追求幸福，如果我们这样做了，那么幸福和美好的感觉就会随之而来。他将希腊词"幸福"（Eudaimonia）描述为"灵魂与美德相一致的活动"。希腊词"幸福"和英语词"幸福"（Happiness）有一些共同之处，但希腊词"幸福"有着更强烈的道德价值。正如亚里士多德所说："幸福的生活被认为是一种卓越的生活，而卓越的生活需要努力而不在于娱乐。如果幸福（无论是希腊词还是英语词）是与卓越相符的活动，那么它应该与我们内心的最佳状态相一致，这也合乎情理。"他警告说："这种卓越不是一种行为，而是一种习惯；'人之善'是灵魂在完整的生命中以卓越的方式运作的产物。"对亚里士多德来说，"幸福"是"人之善"的最高境界。这是人类唯一因自身（作为目的本身）而非其他目的（作为达到另一目的的手段）而被要求的美德。亚里士多德还说，美好的感觉是追求美好的自然结果。他认为，当人们行为高尚时，他们会在情感上得到回报。

数千年来，幸福一直是一个哲学概念。但从大约30年前开始，心理学家开始使用这个术语来解决现有幸福研究中的一个盲点。正如这些心理学家所指出的，我们并没有告诉我们的孩子去追求积极情感。我们告诉他们去追求卓越，也许是因为我们假设（像亚里士多德那样）积极情感会随之而来。重点不是感觉好，而是做得好！亚里士多德的"幸福"概念试图描述卓越的功能到底是什么。一些研究人员认为，或许，我们通过将"幸福"的概念引入心理学，可以有益地拓宽我们对幸福真谛的理解。

不幸的是，在现代积极心理学研究中，幸福的概念已经变得过于宽泛。现在，它是一个涵盖性的术语，几乎可以代表任何听起来积极的活动、价值、特征或实践，只要研究者愿意命名和研究就可以。弗兰克·马尔塔拉（Frank Martela）和我在2019年回顾了这些文献，并发现，主观幸福感或现实幸福感的概念已经用一百多种不同的方法衡量过，而且方法越来越多。幸福被测定为正念、情绪稳定、有连贯性、帮助陌生人、对自我实现感兴趣、尝试新事物、关心学习、平静、有弹性等。幸福现在是一个巨大的篮子，而且它一直在变大，也许这对科学是不利的。

马尔塔拉和我想找到一种方法来限定幸福的概念，确定它的本质，并消除不属于这一本质的活动和价值。哲学家们长期以来一直在努力，并将继续努力以确定幸福的概念和本质，他们提出了越来越复杂的逻辑论证，支持或反对一个特定的定义。

我们在评论文章中采取了不同的路线，提出了一种基于数据的路线来理解幸福的本质。我们认为，主观幸福感应该作为确定哪些行为是否带给我们幸福的经验标准。根据亚里士多德的观点，真正的幸福（或美德）行为会带来良好的感觉，却作为一种副作用存在。我们提出，如果某事使人们真正快乐，它可能是一个幸福行为。根据这一观点，当我们成功地做出幸福的选择时，我们的深层本性会激发我们的积极情绪，因为我们的深层本性倾向于成长、联系和适应。正如心理学家达契尔·克特纳（Dacher Keltner）在他的著作《生而向善》（*Born to Be Good*）中所指出的，人类在进化过程中学会了合作，学会了笑和爱，学会了创造文化、艺术和音乐（在支持性条件下）。当我们表达这些潜能时，我们就会感到幸福。当我们表达不出来的时候，我们就索性不去表达了。

有了这个想法，我们考虑了已发表的数据。我们希望找到参与者采用某种新活动来提高主观幸福感的数据。我们还寻找证据，证明他们的主观幸福感会随着时间的推移而保持上升趋势。亚里士多德说，快乐是一种卓越的习惯，而不仅仅是一时的娱乐。这意味着，如果这项活动只带来短暂的情绪高峰（比如，坐过山车或享受美好的性爱），它就不该跻身于幸福活动之列。真正幸福的活动将提供更持久的好处。

图 8-1 说明了我们正在寻找的模式。它显示了一个典型的人在特定的时间点开始做一些新的事情，然后达到（并保持）一个新的主观幸福感水平。他们仍然有情绪（情感上短暂的小变化），但这些情绪会围绕一个

更高的基线上下波动，已经"超越了他们的幸福设定值"（或者至少设法让自己进入了幸福"设定值"的顶端）。他们现在每天做的正念冥想，他们对他人积极和富有同情心的新尝试，他们心存感激并向他人表达感激的努力，以及更多类似的活动提供了新的满足，使他们得到新的积极感受的奖励，并将这些活动坚持下去。我们已经养成了一种新的"追求卓越的习惯"，这种习惯是自我维持的，因为它是由积极情感强化的。而且，原则上，只要令人满意的新体验不断出现，只要这个人不开始认为那是理所当然的（这被称为享乐适应），更新且更高的主观幸福感基线应该是可以维持的。

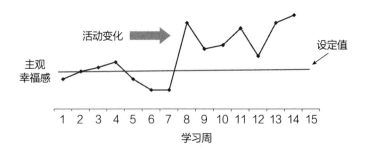

图 8-1　15 周的主观幸福感

我们在评论文章中还考虑了另一个问题：如何解释一个新的活动会导致新的主观幸福感？为了解决这个问

题，我们回到了 SDT 话题。

到目前为止，我们已经考虑了 SDT 中的四个小理论。但是，该学科中最重要的小理论（尚未涉及）可能是基本心理需求理论（BPN）。该理论认为，人类已经进化出三种基本心理需求，定义为"所有人为了茁壮成长需要拥有的各种体验"。我们已经讨论过其中一种需求，即自主性需求：感觉自己选择并导致自己行为的需求，而不是感觉被不愉快的内部或外部力量控制的需求。对自主权的需求是一种"自由意志的本能"，它促使我们在生活中变得更加自主。

但 SDT 的研究也表明，除了自主性需求，我们至少还有两个其他的基本需求：一是感觉自己有能力的需求（我们可以高效地工作、掌握新技能，并在任务中取得成功），二是感觉与重要的人有关联和联系的需求（我们关心他们，他们也关心我们）。西格蒙德·弗洛伊德说过，所有人都需要"爱和工作"，我们需要拥有温暖的人际关系，也需要能够出色地完成任务。SDT 修正了这一点，认为工作应该是自我选择的，而不是强迫和迫使的。一个被奴役的人可能会觉得自己很擅长自己的工作，但因为工作不是他自由选择的，他体会到的满足感和主观幸福感会比那些既能胜任又能自主选择的人要低。事实上，大量的研究表明，最快乐的人是那些感觉自己有能力、自主、与重要的人保持联系的人。要达到主观幸福感峰值，必须满足这三个需求。

除了自主性、能力和人际关系需求，还有其他的心理需求吗？我们在 2001 年创作了一篇被广泛引用的文章，标题是"什么是令人满意的事件引发的满足感？"。我和同事们着手回答这个问题。我们让参与者说出"生活中最令人满意的经历""过去的一年中最令人满意的经历"或"过去的一周中最令人满意的经历"（我们最终用了三种方式提问）。一旦他们想到了这样一种体验，即他们根据自己对"满足"这个词的理解和体验，我们就让他们根据我们提供的备选心理需求清单对这种体验进行评级。我们想知道参与者认为"最令人满意的事件"是什么感觉，以及这些感觉是否符合 SDT 关于人类基本心理需求的主张。

我们仔细考虑了十个备选需求，这些需求来自经典和当代心理需求研究，包括 SDT 的自主性、能力和人际关系需求，以及心理学文献中提出的其他需求，如安全、意义、健康、财富、自尊、快乐、人气或影响力。在引出最令人满意的事件后，我们测量在这些事件中每个经历的感觉有多强烈，即哪一个备选需求表现得最多？作为第二个测试，我们还测量了人们在事件发生期间的主观幸福感，即哪些经历预测了最高的主观幸福感？我们发现，在令人满意的体验中出现最多的主题也最能预测在这些体验中感受到的主观幸福感的数量。

四种类型的令人满意的体验被留在了最终清单中，包括我们在之前的 SDT 研究中预期的三种：自主性、能力和人际关系。第四个经验是自尊——认为自己是一个有价值的人。一名研究参与者举了一个典型的例子："在我完成大学学业的时候，我为自己实现了目标而感到骄傲，我也感受到来自家人的爱和支持。"在这个故事中，我们看到 SDT 确定的所有三种需求及自尊，一个人会为自己出色地实现了自主设定的目标而感到自豪，并在庆祝这一成就时享受家庭的友爱。对这个学生来说，大学毕业显然是一种以成长和联系为中心的幸福活动。

为了描述幸福活动如何导致幸福，并将心理需求包括在内，马尔塔拉和我提出了图8-2所示的幸福活动模型（EAM）。这个模型一方面区分了现实幸福感（做得好）和主观幸福感（感觉好）。这种区分在有关幸福的文献中引起了无休止的争论。一些研究人员说，只有现实幸福感才是"真正的"幸福，因为它隐含着美德，而主观幸福感似乎比现实幸福感更浅薄、更肤浅。也有人说，只有主观幸福感才是真正的幸福，因为它是建立在难以伪造的生理情感反应基础上的。马尔塔拉和我认为，做得好和感觉好实际上是一个更宽泛概念（幸福或过得幸福）的两个方面。

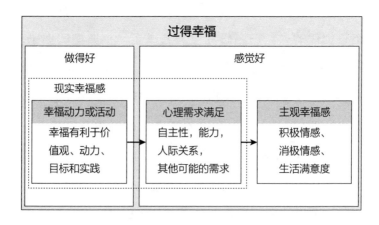

图8-2　幸福活动模型

你说了算　新自我心理学的活法

EAM 还显示了主观幸福感和现实幸福感之间的因果关系。正如亚里士多德所说，幸福的活动提供了通往幸福的途径。具体地说，对幸福的追求是通过满足人类固有的基本心理需求而带来幸福的。正如模型中所描述的那样，新的活动可以带来新的满足感，而新的满足感又可以带来新的幸福。A 导致 B，B 导致 C。

这个模型得到了大量研究的支持。克里斯·尼米克（Chris Niemiec）、里奇·瑞恩（Rich Ryan）和爱德华·德西研究了学生毕业后第一年主观幸福感增加的预测因素。这些学生怎样才能在新生活中有一个良好的开端呢？那些在毕业时认为内在渴望（联系、成长）或外在渴望（外表、金钱、地位）对他们很重要的学生，往往会在一年后实现这些渴望。他们朝着自己想要的方向前进。但是，只有追求并实现了内在抱负的学生在研究结束时的主观幸福感水平才会高于研究开始时的主观幸福感水平。他们在大学毕业后关键的第一年里，朝着反映幸福价值观的目标大步迈进，满足了自己对自主性、能力和人际关系的需求。

在 1999 年我和安德鲁·埃利奥特（Andrew Elliot）

进行的一项研究中，我们探寻了选择自我和谐的目标如何随着时间的推移对人们产生影响。我们发现，在六周的时间里，实现自我和谐的目标会提高参与者的主观幸福感，让他们更快乐。为什么？因为实现这些个人珍视的目标提升了参与者在日常生活中的自主意识、能力和人际关系的亲近感。选择能更好地代表一个人最深处自我的目标有助于满足一个人的基本需求，从而带来更大的幸福感。

在另一项研究中，我和我的同事们创造了一种衡量生活平衡的新方法。"生活平衡"，虽然在心理学中有很多讨论，但往往是模糊的定义和估量。我们引入了一个衡量标准，它基于人们生活中不同角色的实际时间分配与其理想分配的匹配程度。根据这一标准，拥有平衡的生活意味着按照预期的比例做许多不同的事情，如工作挣钱、花时间与家人或朋友在一起、从事业余爱好和创意项目，以及参加宗教活动或精神活动。在我们长达一个月的研究中，那些在生活中创造了更多平衡的参与者报告说主观幸福感增加了。这种变化可以再次解释为他们生活中需求满意度的增加。

在其他研究中，我们测试了心理真实性对需求满足和幸福感的影响。为了解决这个问题，我们要求参与者在"聚会上"和"与爱人在一起的不经意时刻"对自己的性格特征进行评价。我们推断，最真实的参与者应该是那些在这两种情况下没有太大差异的人。在任何一种情况下，他们都不会扮演任何角色，他们只做自己。正如预期的那样，更大的真实性（两种情况之间的差异更低）预示着更高的主观幸福感，这再次被解释为更高水平的需求满足。

在某种程度上，EAM 为快乐提供了一个非常简单的处方：试着花时间做那些能给你带来自主感（"我真的想做这个"）、能力（"我做得很好，很有创造力"）和亲近感（"它让我更接近他人"）的事情。以这种方式度过你的时间会增加你的主观幸福感，从而强化你正在做的事情，创造一个积极变化的良性循环，甚至呈"螺旋式上升"。如果是这样，那就是积极心理学研究的圣杯。

所以，幸福终究是可能的！但是，为什么世界上似乎充满了不快乐的人呢？为什么我们会做出那么多糟糕的选择，这些选择让我们离满足感越来越远，而不是越来越近？我们在前一章考虑的答案是，作为在系统 2 中做出选择的符号自我，我们在某种程度上是自由的行为体。在系统 1 中，我们被部分切断了与支持我们的心理过程的联系。因此，我们可以自由地做出糟糕的选择，有时我们确实如此。

但还有一个不同的答案我们尚未考虑到，那就是我们常常不知道自己的选择将如何影响我们未来的情感生活。如果我们不知道自己的选择会给我们带来什么感觉，我们又如何做出明智的选择呢？

这是情感预测研究提出的主要问题之一。在这样的研究中，人们需要预测在某些事件（积极的事件和消极的事件）发生后他们未来的感受。积极的事件包括吃到美味的食物、获得金钱奖励、得到心仪的人的亲吻，或者自己喜欢的候选人赢得选举；消极的事件包括收到坏消息、经历痛苦的打击，或者自己支持的候选人输掉选举。情感预测就像天气预测。我们希望我们的预测是准确的，这样我们就可以决定做什么。如果我们不知道天气如何，我们就无法满怀信心地计划野餐或徒步旅行。

情感预测也类似。如果我们不知道我们做了某事之后会有什么感觉，我们怎么能确定选择做那件事是明智之举呢？

在一项典型的情感预测研究中，研究人员在收集预测结果之后，使事件真真切切地发生了。参与者真的在地上发现了一张5美元的钞票，或者真的听到了某人的性别歧视言论。或者，研究人员将这项研究与实际即将发生的事件联系起来，比如选举。然后，他们测量研究参与者在事件发生后的情绪反应。情感预测错误被定义为人们"错误预测"事件对他们情绪影响的程度，比如，事件会让他们有多好或多坏的感觉，或者这些感觉会有多强烈，或者这种感觉会持续多久才会消失。在前一章中，我们讨论了内隐动机和外显动机之间的差异，刚刚又讨论了我们在社交场合和亲密场合中的差异。在这里，差异包括我们认为自己会有什么感觉和我们在事件发生后真正会有什么感觉之间的差距。

情感预测研究表明，我们预测未来感受的能力出人意料地有限。我们倾向于高估好的感觉的持续时间（不像我们想象得那么长），低估坏的感觉会消失得多快

（比我们想象得要快）。或者，我们在做预测的时候把注意力集中在错误的事情上（比如这份工作的薪水是多少，而不是我们愿意做多少）。或者，也许我们只关注一个因素而忽略了其他相关因素。例如，在"住在美国中西部"和"住在加利福尼亚州"中，我们可能会认为我们在加利福尼亚会更快乐，因为我们只考虑加利福尼亚温暖的海滩。我们很容易忽视加利福尼亚州较高的生活成本，或者地震或火灾带来的高风险。也许像密苏里州这样的地方并没有那么糟糕。

我们运用情感预测研究的视角，可以再次看到，也许我们的问题不在于我们不自由，而在于我们不够了解如何有效地利用我们的自由。

2010 年，我和同事们发表了一项研究，探索情感预测错误如何影响我们选择追求的目标。我们试图理解人们追求外源性目标（如变得富有、出名或美丽）的原因，因为众所周知，实现这些目标不如实现内源性目标（个人的成长、建立深厚的人际关系和服务社区）令人满足。就 EAM 而言，内源性目标是自我实现的，体现了连接和成长的前瞻性努力，并满足我们最深层的需求，从而使我们快乐。外源性目标是不能满足那些深层需求的，在某些情况下甚至会干扰我们对成就感的追求。外源性目标不能满足深层需求，为什么还有人强烈支持呢？是什么让他们回到目标的枯井里？

我们在研究中发现，那些喜欢外源性目标多于内源性目标的人更不快乐。但我们的主要发现是，这些人相信（预测）实现外源性目标会给他们带来更多的幸福。从实际数据来看，这很可能是一种错觉，即一种错误的预测。

在 2010 年的第二项研究中，我们随机分配参与者在一个月的时间里追求外源性目标或内源性目标（是的，大学生愿意尝试这个）。到了月底，那些实现了内源性目标的人比刚开始的时候更快乐。那些实现了外源性目标的人根本没有幸福感。即使是最初强烈赞同外源性目标的价值观的参与者，当随机分配到外源性目标条件（他们说这是他们想要的目标类型）时，也没有从实现这样的目标中受益。无论我们如何相信外源性目标，它们都根本不能满足我们的心理需求。相反，在我们的研究中，即使是那些在一开始就强烈赞同外源性目标的价值观的参与者，当他们实现了分配给他们的内源性目标（他们没有预测或期望的某些事情）时，也会获得更大的幸福感。他们获得的幸福感和其他内源性目标条件下的参与者一样强烈。

结果，那些追求金钱、地位和形象的人高估了实现这些外源性目标所带来的积极的幸福效应，而低估了实现内源性目标所带来的积极影响。这是因为他们生活在对自己和对世界的扭曲信念中，这种信念不鼓励他们追求美德，而是鼓励支配和炫耀。他们在追逐妄想，似乎无法理解为什么他们一直"疯狂地重复做一件事情，却期望得到不同的结果"（疯狂的定义。这句话有时被认为是爱因斯坦的名言）。

另一个可能的原因是：也许人们确实知道内源性目标更有成就感，但他们也认为这些目标必定导致"大器晚成"的遗憾。在 2018 年的一项研究中，我和同事比较了两类人的目标和幸福水平：商人（或商科学生）和艺术家（或艺生）。我们的推理是，顾名思义，商人通过尝试在创业努力中实现利润最大化，关注的是外源性目标。而艺术家关注的是内在的目标，试图通过自我表达的努力来最大限度地发挥自己的创造力。当然，商人也可能在商界找到创造性的自我表达，艺术家也可能渴望财富或名声，所以两者的区别不是黑白分明的。不过，总的来说，这两种职业在核心上有着截然不同的侧重点。

在第一项研究中，我们证实（正如预期的那样），商科学生更关心外源性（基于金钱的）职业目标，追求这些目标有更多的外部（基于金钱奖励）原因。与此同时，艺术生的外源性目标和外在职业动机更少，他们考虑的不是金钱和奖励，而是艺术创作。然而，当我们询问这两组人的长期目标时，答案貌似非常相似：两组人最终都希望有机会成长，与他人建立联系，并对社会做出贡献。第二项研究复制了这一模式，显示商科和艺术专业的学生也希望在未来的工作中拥有类似水平的内在动力。最终，这两个群体都想要有内在动力去完成自己的职业生涯。

这些结果表明，至少有些受外部因素驱使的人并没有被自己想要的东西所迷惑，而是经过深思熟虑，决定把内源性目标和动机推迟到长远的未来。他们想先攒钱，然后再做他们真正想做的事。可是，将实现目标的时间推迟几年或几十年，是一笔划算的交易吗？如果一个人永远无法回到自己真正的兴趣中去，或者从来不觉得现在是寻找人生意义的合适时机，那该怎么办？这很难说。但可以肯定的是，有些人到了撒手人寰的那一刻，也没实现心中的梦想。此外，挣再多的钱又有何用，生不带来，死不带去。

　　然而，这些发现也有希望的空间。也许所有人在心灵深处都明白什么才是真正重要的东西，即使我们还没有践行这些价值观也无妨。也许我们都有一个"内在的指南针"，可以指引我们做出最令人满意和充实的决定。

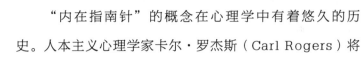

　　"内在指南针"的概念在心理学中有着悠久的历史。人本主义心理学家卡尔·罗杰斯（Carl Rogers）将其称为有机体评价过程（OVP），他给出的定义是"根据经验对促进或阻碍我们实现目标和成长的价值来判断

其能力。"罗杰斯认为，许多人接受心理治疗是因为他们生活在一种困惑的状态中：他们与 OVP 失去了联系，结果他们不知道自己是谁或想要什么。通常情况下，他们对自己的信念是不准确的或是过于局限的，这些信念是基于他们小时候被强加给他们的"价值条件"（"你只有成为这样的人，才讨人喜欢"），或者直到今天还被强加给他们的价值条件（"作为我的浪漫伴侣，你只有成为这样的人，才讨人喜欢"）。他们所生活的符号自我与其潜在的有机体脱节了（也许像托尼一样）。

罗杰斯在 20 世纪 50 年代发明了以患者为中心的治疗方法，旨在解决这个脱节问题。这种人性化的治疗方式试图为患者提供一个安全的环境，让他们在这个环境中探索自己的问题，从而使他们变得更加"和谐"。治疗师既是一面镜子（向患者反映他们的想法，这样他们就能学会识别和表达自己的想法），也是一个榜样（如何过一种真实的、敞开心扉的生活）。成功的治疗过程可以让患者重新连接他们内心更深处的感受和创造潜力，帮助他们改变心灵停滞状态，恢复成长和发展。

这是一个令人欣慰的想法：我们总是能够发现（或重新发现）我们真正的想法和感觉，并通过适当的努力或反思，获得这些知识。罗杰斯的乐观是基于他的假设，即人们天生专注于成长。自我决定理论赞同这种乐观主义，认为人天生倾向于寻找和发展内源性动机。这两种观点都阐明了有机体理论的基本原则，该观点将人视为自动寻求和追求复杂性和创造力的生命系统。

罗杰斯也同意 SDT 的观点，认为这些自我组织能力可能是脆弱的。许多人在生活中陷入停滞，甚至倒退。然而，尽管人们可能无法获得成长能力，或者一开始就没有开发这种能力，但这些能力一直存在。正如人本主义心理学的创始人之一亚伯拉罕·马斯洛在 1968 年所言："内心的声音并不强大……它是微弱的、细腻的、微妙的，很容易被习惯、文化压力和对它的错误态度所碾压。但是，纵然很弱也绝少消失。"

针对"有机体评价过程"这样乐观却模糊的理念，是否存在科学检验的可能性呢？在 2003 年的一篇文章中，我和同事们试图通过让人们反复评估内源性价值和外源性价值的重要性来做到这一点。我们充分利用了这样一个事实：人们不会每次在被问到同样的问题时都给出相同的答案。他们的评分倾向于向上或向下移动一点。通常这种偏差被认为是随机的，就像噪声或静态，没有任何有意义的模式。但我们想知道，当人们切换目标的时候，他们是否遵循着一种特定的方式，即奔向这些研究显示的更健康或带来更大幸福的目标。这种"偏移"不会是随机的，它们会指向成长和健康的方向。具体来说，我们测试了这样一个想法：当人们修改或记错了自己的目标时，他们会无意识地将目标切换到内源性方向。

我们用两种方式测试了这个想法：一种是让人们反复对价值陈述进行评价（"30分钟过去了，你现在怎么想？"），另一种是让他们回忆之前在一份问卷中说过的话（"你以前是怎么回答这些问题的？"）。当然，大多数参与者不能真正记住他们第一次说了什么，所以他们有很大的空间来改变或记错他们第一次给出的评分。

第一次测试的时候，参与者对内源性目标的认可程度高于对外源性目标的认可程度。同样，我们又有了新发现，众所周知，参与者们倾向于说，他们更看重社区、成长和服务，而不是形象、地位和金钱。

但我们更感兴趣的是他们在第二次测试中会说什么。正如我们预测的那样，他们的反应出现了"偏移"。无论我们的参与者仅仅是记住了，还是真的重新思考了他们之前的反应，他们倾向于在第二次测试时给内源性目标更高的评分。这就好像他们的OVP在有机会重新考虑之前的次优判断时被激活了，然后帮助他们改进那些早期的判断。

大多数关于认知偏差的心理学研究发现，我们的偏差在某种程度上是消极的、不讨人喜欢的，我们夸大了自己的积极品质（自我服务偏差），我们认为赞同我们的人比真正赞同我们的人多（虚假共识偏差），或者我们倾向于把别人的不幸归咎于他们，而不考虑他们的不幸处境（基本归因错误）。但在这项研究中，我们发现了积极偏差的证据，它可以帮助解释为什么许多人最终成功地找到了幸福。你可能会惊讶地发现，在世界范围内，主观幸福感的平均得分是7分（评分范围1～10分）。这种偏差表明，我们在无意识中知道什么会带来满足感，即使我们的符号自我还没有意识到，我们也可以自动地朝那个方向前进。即使自我不知道，有机体也能知道。

***

　　改变一个人的生活，使这个人变得更加道德高尚和品行端正，实现其最理想的价值观，这些境界似乎令人望而生畏。但我们的研究表明，人们有一种天生的倾向，喜欢朝着这些价值观前进，并在他们的生活条件支持（有时甚至不支持）的情况下寻求成长，也可以得到成长，这种能力被称为适应力，它是心理健康的关键因素之一。我们需要做的主要事情就是尝试和努力！只要向他人宣布我们的新意图，就能让我们觉得目标更真实。当我们开始追求内源性目标时，我们就能开始一个良性循环，小改变导致大改变，大改变导致更大的改变，并最终迎来真正的幸福和满足。

第九章
数字世界里的自我

在本书中，我一直主张一个特定的观点：人类有自由意志，部分是因为人类生活在符号自我当中。符号自我从大脑过程中产生并建立在大脑过程之上，但由大脑过程决定的程度并不严格。作为头脑中组织冲动的先锋，自我的工作就是"掌控大脑"，即决定这个人是谁、这个人想要什么，以及如何去追求理想。没有大脑就不可能有自我，但一旦有了自我，它就可以对大脑的运作产生自上而下的影响。神经元的活动至少和神经元对自我活动的影响一样多，就像公司 CEO 对工人行为的影响和工人对 CEO 行为的影响一样多。

我也曾将符号自我描述为大脑潜在状态的部分模拟——一种大脑自身运行的模型，具有某种控制行为的能力。这个模型是由身体的客观条件决定的（身体是饿了、累了还是激动了？），但它也由高阶自我对自身的信念和当前的目标决定的。一个接近终点线的马拉松运动员可能会感到极度疲劳，那个人的身体可能非常想停止跑步。但是，做决定的是自我，而不是身体，并且在身体储备中可能存在内在储备以帮助运动员完成最后的冲刺并赢得比赛。身体不在乎，它只想休息，但自我在乎，它能让美好、神奇的事情发生。

现在我想把这些想法更进一步。如果符号自我在某种程度上是一个心智模型，那么这个模型能否通过计算机程序进一步建模呢？在这种情况下，计算机程序真的能感受到它所模拟的自我吗？它有意识吗？它关心事物吗？计算机对一个人的自我过程的模拟能在这个人死后继续运行，并向世界提供这个人持续的思想和判断吗？更有趣的是，一个计算机程序能开发出自己的符号自我吗？我对所有这些问题的初步回答是肯定的。但"人工人格"是一个全新的领域，还有很长的路要走。

人工智能（AI）本身是一个相对古老的领域，可以追溯到 20 世纪 50 年代，但直到最近，它在演示人类水平的智能方面只取得了缓慢的进展。这主要有两个原因：计算能力的限制，以及早期 AI 模型采取逻辑和演绎方法的事实。它们是基于研究人员对人类思维过程的概念模型，研究人员试图将其作为定律编程到软件中。在过去十年左右的时间里，这两个限制在很大程度上都被超越了。

关于第一个限制，摩尔定律（实际上不是一个物理定律，只是一个明显的趋势）指出，估计每两年，先进的技术就会使可用的计算能力翻一番。自从 1965 年戈登·摩尔（Gordon Moore）首次指出这一定律以来，它就一直保持不变，尽管一些人认为，由于量子尺度的限制，这一过程正在放缓。但无论如何，我们今天的计算能力比十年前要强大得多（具体来说，是 25 倍或 32 倍）。这些进步促成了人工智能领域的重大突破。

关于第二个限制，最近的人工智能研究在很大程度上放弃了从概念上理解人类思维过程的尝试，而是采用了一种强力的"机器学习"技术。计算机是不受监督的，它是松散的，可以处理大量的数据，寻找深度嵌入的模式。它获取知识的途径是归纳和发现数据中存在的模式，而不是通过演绎法和使用逻辑及理论来确定它应该寻找的模式。发现数据中的深层模式可以让计算机找到预测进一步结果和事件的计算技术，并应用到任何新的案例或情况中去。如果"极端复杂的结果 Y"几乎总是跟在"极端复杂的情况 X"后面，那么，当 X 被观察到时，就意味着 Y 可能会到来。

重要的是，机器学习就像人类大脑工作一样。人类的大脑也有能力吸收大量的数据，并通过归纳和直觉（通过系统 1）发现数据中的微妙模式。不同之处在于，计算机可以处理比人脑多得多的信息，因此，这种技术有可能检测到比人脑更复杂、更微妙的模式。例如，人工智能系统已被用于处理海量的医疗数据，从而对患者的疾病做出正确的诊断；在分析过去趋势的基础上预测未来的市场趋势；在庞大的人群中识别特定的面孔；还可以玩复杂的游戏，如国际象棋和围棋，其复杂程度是人类大师所无法达到的。

每天，机器学习都被公司和广告商利用，如预测什么可以激起我们的购买欲、什么让我们忍不住点击进去、什么驱使我们信以为真。你可能还没有注意到，你的 Facebook 订阅源是根据你的兴趣和信仰精心定制的，所有这些都是为了让你在 Facebook 上保持活跃，并购买屏幕上弹出的产品。

这本书没有详细介绍人工智能技术、机器学习、神经网络及训练这种网络的多种方法。但我确实想推测一下，人工智能是否或者如何模拟自我，甚至能够拥有一个自我。哲学家克里斯蒂安·李斯特从三种心理能力（考虑选择、形成意图和实施行为）的角度分析了自由意志，他认为任何类型的智能控制系统（人类或人工）都可以拥有自由意志。好吧，那么，人工控制系统应该是什么样的，才能拥有人类层面的感知能力，甚至是自由意志呢？

有几种方法可以思考人工智能与人格和人类行为的关系。其中一种方法是使用人工智能创建个人的人格档案。例如，Crystal 公司自 2015 年以来一直在使用机器学习技术，根据用户的 LinkedIn 页面和其他公开数据，为用户提供目标人物的简介。从理论上讲，Crystal 公司服务的用户在了解某人是什么样的人，以及如何与他打交道方面有了先机。又如，2020年，俄罗斯的一项研究表明，如果给出一组个体的性格特征数据和同一个人的照片，一个机器学习程序就可以学会仅仅从外表预测新人的性格特征，而且事实证明，它能够比人类观察者做得更好。外貌和特征之间有非常微妙的对应关系，计算机可以获悉。

这个讨论可能会让你想起我们在牧师的研究中发现的内容，即人类观察者可以根据教堂网站上的照片，以高于概率的方式判断出哪些牧师日后会被判犯有性犯罪。人们的性格都写在他们的脸上，因此我们可以通过看他们的照片来了解他们是什么样的人。上述俄罗斯研究中的人工智能也做了类似的事情：它利用微妙的信息来开发一个预测算法（公式），让它对展示的新人做出非常好的猜测。你可以随机输入一张你的照片，然后这个算法会对你是谁、你是什么样的人做出大量近乎正确的猜测。

这些发现的含义之一是，人工智能可以学习识别真正的罪犯，比仅仅基于罪犯外表进行识别的概率要高得多。这种暗示既可怕又令人兴奋。我们应该允许这样的信息来决定一个人受监视的程度吗？它应该决定一个人是否因犯罪而被起诉，或者刑期的长短？法庭是否接纳这些人工智能所提供的资料以协助定罪或宣判无罪？这些都是很难回答的问题，但它们只是智能软件兴起所带来的众多道德困境中的冰山一角。它们不仅仅是反乌托邦小说的素材，哲学家和法律学者也开始思考它们。

人工智能也仅仅通过对人格的推断来模仿人格的行为。苹果的 Siri、亚马逊的 Alexa 和微软的 Cortana 都试图给计算机软件披上一层人性的外衣，让我们在与电脑代码交互时，感觉就像在与一个人交流。这些基于主体的计算机程序可以从自然语言中提取语义（这已经是一个巨大的成就），然后能够以复杂的方式复制这种语义，以便与人类用户进行交互。不管我们说什么，它们都会回敬我们。他们似乎在和我们进行真正的对话。

这种人工人格的意义在于让我们感觉自己与计算机融为一体。我们会觉得它们不仅仅是机器。从某种意义上说，它们和我们一样，也是人。程序员试图赋予计算机一些吸引人的人格特征，如谦逊、乐于助人、有趣，甚至是时髦。如果我们问 Siri 一个奇怪的问题，而她讲了一个令人惊讶的笑话，我们就会喜欢她。我们和她有共鸣。然后，也许我们更有可能相信、信任和分享她告诉我们的东西。

但像 Siri 和 Alexa 这样的计算机主体，要想拥有感知人格，还有很长的路要走。我们大多数人都知道，Siri 只是一个程序，一套可以生成貌似人类反应的技术。我们大多数人都不会被 Siri 愚弄，我们知道 Siri 不是真人。为什么？因为我们可以说，它没有内在的东西，那里面没有我们可以了解和欣赏的"Siri 本人的感觉"，没有让我们可能想以宇宙中有意识实体的身份和 Siri 做朋友。

换句话说，Siri 还不能通过"图灵测试"。这个测试最早由艾伦·图灵（Alan Turing）在 1950 年提出，它的意思是，如果你能与一个计算机程序进行长时间的对话，让它确信它是一个人（而不是一个程序），那么，这个程序就拥有了真正的人类水平的感知能力。更严格地说，标准的规范（在图灵测试竞赛中）是，如果计算机在一系列五分钟的键盘对话之后，能够说服30%以上的知识渊博的鉴定人相信它是真实的，那么它就通过了测试。

如果你仔细想想，这似乎是一个相当低的标准。如果你只能让其他30%的人相信你是真实的人，那将是一个可悲的情况！到目前为止，只有一个程序越过了这个门槛，那就是一个名为尤金·古斯特曼（Eugene Goostman）的聊天机器人。在2014年的英国皇家学会（The Royal Society）会议上，它骗过了33%的鉴定人，让他们相信它是一个13岁的乌克兰男孩。它做到这一点的主要方法是，对问题做出有创意且有点随意的回答，并模仿一个无礼且不耐烦的少年。

但是，机器人依然不是人，没有"少年尤金·古斯特曼"的感觉，只有一套引发回应的规则。古斯特曼让人想起了哲学家约翰·塞尔（John Searle）提出的著名的"中文房间"思想实验。塞尔想要证明计算机永远不会有意识，它们只能以机械的方式执行指令。他举了一个例子来说明这一点：一个人被锁在一个房间里，房间里有一本象形文字对照手册，这个人只需按照对照手册，写出手册上的象形文字的答案，正如塞尔所指出的，即使这个人能够正确地翻译出来，也并不意味着他懂中文。计算机怎样才能从单纯的"遵旨"跳跃到真正的"领会"呢？怎样让古斯特曼成为"真实的人"呢？

让我们举一个虚构人物的例子。比如，著名电视剧《星际迷航：下一代》（*Star Trek: The Next Generation*）中的角色达塔（Data）。达塔是由计算机软件运行的机器人。但他想成为一个真正的人。他对自己的存在状态缺乏安全感，并试图以某种方式证实这一点。在这个意义上，达塔和我们一样。我们不确定我们对这个世界产生真正的影响（这只是决定论者的说法），也就是说，我们不确定自我掌控的感觉不是一种错觉。达塔也一样。

我认为，这正是"真实的"人类最好的特征，这个实体在感情上卷入了意识、自由和死亡的存在困境。当实体（如达塔）似乎意识到这些类型的问题时，我们更可能认为该实体是一个真实的人。我们能感觉到其中的深度，除了模拟的人类外表，里面还有一个真实的人类。因此，矛盾的是，不安全感可能正是向他人发出的信号，即我们内心深处有某种真实的东西。正如哲学家阿伦·瓦兹（Alan Watts）在 1951 年出版的《心之道》（*The Wisdom of Insecurity*）一书中所暗示的，或者如我所建议的，在人工智能中也是如此。

也许，要想成为一个完整的人，就要意识到我们是有限的，我们内心深处的某些东西是我们的意识无法理解的。也许，思考模拟人格的有效方法之一就是考虑符号自我的四个功能。"达塔"这个角色与他人的互动是否需要他创造一张脸，然后与其他脸交互（这是符号自我的第一个功能）？看过这部剧的人都知道他就是这么做的，而且非常可爱。他看起来很真实。他是否试图捍卫他的自我概念，并保护它免于失效（第二个功能）？显然如此！对达塔来说，他应该像其他人类机组成员一样被对待，而不仅仅是一个计算机程序。他是否用他的思想和自我认知来决定做什么，追求什么目标（第三个功能）？的确如此！毕竟，他是企业号航空母舰（USS Enterprise）的首席科学官，帮助决定该航空母舰下一步的行动。他是否试图在他的意识（符号自我的第四个功能）中表现他自己潜在的精神状态？是的，他反思自己的思想和感知，试图领会它们可能意味着什么，以及它们告诉他什么。达塔是否更广泛地关注生存问题？是的。该剧的几集探讨了达塔的个人困境和他当下所处的生存困境。

这些反思表明，人工智能研究人员将无法成功创造出令人信服的人工人格，除非这些人格拥有一个符号自我，以及所有相关的提示线索。我们需要一个强大的执行过程来处理所有事情，但我们又缺少信息，因此不确定该往哪里走；我们必须试图将当前时刻置于包含实体历史的更广泛的故事中，试图确认和扩展主观主体的现实，并试图访问主观主体目前没有意识到的更深层次的模式和潜力。换句话说，对人工人格来说，既应该有一个无意识的层面，能以微妙的方式提供洞见和输入信息，也应该有一个有意识的层面，可以唤起洞见，也能忽略洞见。一个有效的人工人格应该同时兼具系统 1 过程（自动的、习惯性的、直觉的）和系统 2 过程（有意识的、有意的、理性的）。

也许，一个令人信服的人工人格需要具备的最重要的能力就是关怀。也就是说，它得具备情感。如果事情的结果与它预期的不同，它会感觉到失望；如果它成功地得到了它想要的，它会感觉到高兴。但这里的"感觉"是什么意思呢？情感研究是一个巨大的领域，我甚至不会尝试去深入研究。但身体反应是情感的关键组成部分。当我们人类感觉到一种情感时，我们的身体会表达和表现出来：我们的心跳加快，瞳孔放大，呼吸加快。从后来被判有罪的牧师的表情来看，他们的生活方式已经有所妥协。也许，没有身体，人工智能将永远无法拥有情感，因此也可能永远无法成为真正的有感觉能力的人。他们可能永远都不会拥有"关怀力"。

解决这个问题的方法之一可能是将人工智能直接安装到人类身体或大脑系统中。在未来，人格工程（目前还不存在）领域的进步可能会给我们带来人工智能的内在精神伴侣。也许这些伴侣可以被拼接到未来孩子的大脑中，这样，人工智能就可以直接感知"主人"的思想和经历，比如，他们的痛苦和快乐。这种内在伴侣也许能够通过刺激大脑的语言区域来与他们的真人伴侣交谈。它们可以成为聪明的老师，给孩子们上课，帮助他们在成长的过程中发展思维。它们也可以作为值得信赖的伙伴，它们富有同情心和理解能力，但同时也可以从一个人自己的思维过程之外提供一个有价值的外部视角。记住，在一个人的头脑中唤起"泛化的他人"的能力一直被认为是认知发展的关键。在这种情况下，"泛化的他人"视角不会来自我们的想象。相反，它将来自一个计算机程序，它会教我们如何去做。

最有趣的是，也许这些嵌入式 AI 伴侣可以利用它们收集到的关于人类的毕生数据，通过机器学习，开发出越来越精确的、独特的人类性格模型。随着时间的推移，它们在预测人们下一步行动方面会越来越娴熟，其准确性可以达到前所未有的水平。想象一下，一个数字助手每天早上告诉你，根据你目前的生活配置，你当天要做什么。你是赞同这些预言，还是反驳和推翻它们？

我曾经说过，我们知道人类拥有自由意志的方式之一是，科学永远无法预先完全预测我们将要做什么。在这里，我有点想收回这句话：使用机器学习的设备或许能够以非常高（但可能永远不会完美）的精确度来预测人们的行为。如果机器拥有大量的相关数据，尤其会出现这种情况，这些数据不仅包括一个特定的人在过去生活中的所有情况下实际做了什么，还包括他们在那些情况下做出决定之前的想法和感受。

如果我们专门的人工智能能够利用这些数据来准确预测我们每个人会做什么，这是否意味着我们没有自由意志？再次强调，人类的不可预测性是我论证自由意志的支柱之一。如果人工智能可以准确预测我们的行为，那么，我们是否成了命中注定的产物了呢？

别急着下结论！机器学习的一个主要问题是，编写程序的计算机科学家通常不知道如何得出结论。该程序是一个"黑匣子"，它使用了人类大脑无法处理的大量信息，而这些信息是人类大脑无法理解的。

在心理学研究中，我们仍然试图对心理过程进行理论解释。然后，我们使用这些解释来生成假设，我们通过收集相关数据（演绎法）来检验这些假设。我们经常找到支持我们解释的理由（有总比没有好），但总的来说，这些理由远远不够。事实上，这是人工智能研究的老方法：研究人员对人们的思维方式做出假设，然后试图在计算机体系结构中实现这些假设。在新一轮的人工智能浪潮中，在机器学习中，人工智能通过归纳法找到了自己寻找答案的方法。没有人知道机器到底在做什么，比如，它在学习什么模式，它在使用什么信息进行预测。

所以，也许我们关于自由意志的结论保持不变：如果没有人类科学家可以用自己的理解来预测人类的 AI 模型会做什么（就像他们不能预测人类自己会做什么一样），那么，也许人类仍然是自由的（至少目前是这样）。人工智能研究人员正在努力找出如何解释人工智能模型在做什么，不仅要观察它们输出的信息，还要领会这些信息，并理解计算机是如何输出这些信息的。也许这些努力最终会奏效。或者，人工智能研究人员只是重新发现了长期困扰心理学家的同一个问题：人类行为极其复杂，而我们试图对人类行为建立一个预先设定的说明性网页，但我们的努力一直被搁浅。我怀疑，后者就是事实。

让我们更多地讨论一下我们自己头脑中的计算机伴侣的想法。这是一个可以与我们交谈的精神伴侣，也是

一个试图建立越来越准确的人类头脑的统计模型。在未来，人类可能仍然会死亡；人类的身体会衰竭，所构建的以大脑为基础的自我也会随之消亡。但是，也许人类的经验和观点不会像现在这样被世界遗忘，因为人工智能将能够继续运行（现在已经非常完善）人类死亡后的预测模型，应用该模型来感知人类自身并做出选择。一个模型甚至可以用人类的声音说话，这要基于它对人类会说什么的结论和决定。换句话说，也许计算机模型能够在一个人死后接管并继续这个人在世界上的存在。

如果是这样，那个模型还是那个人吗？也许是这样！毕竟，人工智能模型的思维方式几乎和真人的思维方式一模一样。所以，输入相同的信息，它的反应也应该相同。此外，人工智能对这个人的了解远比任何人都要深入，甚至可能比这个人对自己的了解还要深入。所以，即使基于神经元活动的、"优柔寡断"的大脑消失了，但基于"没有感情的"硅芯片活动的、幸存的人工智能可能就是那个人吗？也可能不是。仔细想想，也许人工智能仍然只是对人的聪明模仿，一个计算机化的赝品而已。

这种同一性的问题在心灵哲学领域中已经相当古老了。如果一艘木船的每块木板和木头都被一点一点地替换掉，那么，它最后还是那艘木船吗？这就是"忒修斯之船"（Ship of Theseus）的问题，最早由希腊哲学家普鲁塔克（Plutarch）提出。我们的第一反应可能是拒绝。但是，我们也可能不得不对自己说同样的话，因为几乎所有的细胞在我们有生之年都会被新的细胞取代。事实上，我们体内每年有98%的原子被替换。

尽管如此，我们仍然记得小时候的自己。我们记得我们的人生故事和我们所经历的变化。所以，也许让我们成为"我们"的主要原因是我们生活在持续的叙事中——我们讲述的关于自己的不断演变的故事。但如果这是真的，那么，也许我们的计算机模型也"知道"这个故事，并继续替我们活下去，就像我们自己一样。

假设这些人工智能关心世间万物，即他们内心有真实的情感，他们无疑会面临一些严重的生存困境。幸存的人工智能很可能愿意相信自己是原生者的合法延续。但人工智能可能不确定这一点的原因之一是，人工智能将运行在"硅芯片"上而不是"肉体"上。在未来的社会中，沙文主义可能挥之不去，这是一种"肉体特权"，认为智能实体只有出生在一个生物身体中，才应该得到充分的尊重和公民权。幸存的人工智能可能仍然不确定自己的身份的另一个原因是，它自己的故事将在它的原生者死后继续演变，也许以人类故事不可能产生的方式演变。仅仅延续这个人的故事和生活方式是一回事，从根本上背离这个故事和生活方式是另一回事，这在某些情况下很可能发生。

例如，如果幸存的人工智能成为人工智能权利的捍卫者，而原生者永远不会选择这种立场，那会怎么样？只有在原生者死后，在发现作为二等公民（仅仅是数字公民）是什么感觉之后，幸存的人工智能才可能准备做出如此激进的态度转变。它的思维方式可能会变得与原生者非常不同，以至于它的符号自我会发生改变。

- ❧ -

我简要地提过人工人格的设计者将面临的一些关键问题。我认为，让这些人格看起来逼真（这样它们就可以通过图灵测试），甚至可能以假乱真（就跟真人一个模样），最好的方法是为它们创造条件来开发一个符号自我：作为一个头脑中选择执行者的感觉、一个只能"慢慢思考"的人，不能直接接触机器中正在进行的、更快的过程。矛盾的是，我们将人工自我与肉体自身分离，赋予它必须使用的执行能力，但没有充分的信息；我们赋予它更好地了解自己的欲望和能力，以及说服其他的自我相信它是真实和合法的欲望；我们赋予它像数据一样的不安全感。如此，我们或许可以跨越生物和机械之间的界限，创造和我们一样有感知能力的机械动画师。了解人工人格的过程一定会很有趣！

第十章
生命创造过程

早在艾米还是一名大学生的时候，她就为环保事业做志愿者，挨家挨户地请人们签署请愿书，帮助组织镇上一年一度的地球日庆祝活动，在那里她与人们交谈并分发信息。在这个过程中，她与志同道合的人建立了密切的关系，尤其是另一位年轻女性玛尔塔，她很欣赏玛尔塔的热情和奉献精神。此外，艾米还决定上法学院，希望获得继续为地球工作的工具。

艾米凭借理想主义的动机和敏锐的才智，在法学院的课程中表现得非常好。她最终在班里名列前 5%，并被选中去帮助编辑学校的法律评论杂志，这是一个只有精英中的精英才能获得的高级职位。艾米很享受她的成功，也很享受随之而来的自尊提升。她开始认为自己是一个法律高手，一个可以整理和解决任何法律问题的人。她也开始忘记当初促使她进入法学院的环保目标。"为什么给自己定性呢？"她想。

毕业后，有几家大型私人律师事务所向艾米抛来了橄榄枝。她接受了一份薪水最高的工作，尽管是为一家不怎么尊重环境法的公司工作（即使涉及环境法，也通常是站在污染者一边）。她为什么接受这份工作？因为这是法学院自上而下的文化教给她的。最优秀的学生应该尽可能寻求地位最高、收入最高的工作，这些学生是约会游戏中最有吸引力的目标，他们应该得到他们应得的东西。艾米告诉自己，一旦她在新的职业中站稳了脚跟，她就会回到环境问题上来。但她似乎总是找不到合适的时机。

艾米不是真人，而是我的职业生涯中遇到的许多人的结合体，尤其是我研究过的律师和法律系学生。我研究的问题虽然不只是律师的问题，但在他们中间尤其尖锐。我在某个"积极心理学排行榜"上认识了佛罗里达州立大学的法学教授拉里·克里格（Larry Krieger）之后，便开始了这方面的研究。克里格一直致力于改革美国的法律教育，他认为美国的法律教育对学生来说是非常不人道的。美国的法律教育体系迫使学生们展开激烈的竞争。教授们的评分通常非常严格，即使掌握了90%的材料，得分也可能只相当于 C 甚至 D。法学院的文化经常教导学生忽视自己的感受和价值观，不加批判地执行客户的议程，就像"受雇枪手"一样。很多课堂时间都是基于苏格拉底教学法，要求学生进行有声思考，即想即说。在这些交流中，教授有时会公开羞辱学生。结果，就像 20 世纪 80 年代的研究显示的那样，学生的幸福感直线下降。从某种意义上说，学生被"洗脑"了。他们中的许多人在刚开始的时候就失去了自我，陷入了一种竞争、地位、财富的外源性价值体系中。这种价值体系并不能很好地为他们服务。

克里格和我在 2004 年发表了第一份共同撰写的研究报告。在相应的研究中，我们对法学院三年的法律系学生进行了抽样调查。我们发现，学生学习法律的内源性动机在第一年急剧下降。这与 PCT 徒步者的情况类似，但相似之处到此画上了句号。法律专业的学生并没有像徒步者那样发展出更强的自我认同性动机来弥补艰难历程，相反，他们的自我认同性动机也出现了下降趋势。他们对所学知识的价值和重要性失去了信心。当他们的内源性动机和认同性动机减弱时，外源性动机就只能独自承担重任了，这是典型的破坏效应。与其他关于内源性动机下降与心理健康下降之间的相关性的研究结果一致的是，我们的学生样本不仅报告了较低的幸福感，而且他们中的一些人也达到了临床或接近临床的抑郁水平。

克里格和我还发现了一个非常有趣的动态：那些以最高水平的内源性动机开始法学院学习的学生，比如我们虚构的艾米，倾向于在第一年取得最高的成绩。他们接受了掌握非常复杂材料的挑战，并将这些材料变成自己的东西。但后来，这些优等生中的许多人被他们的成功所腐化。我们在法学院的第一年对学生的职业抱负进行了两次测量，一次是在9月，另一次是在第二年的5月。我们关注的是"赚钱"工作（收入高，地位高，竞争更激烈）和"服务"工作（收入低，地位低，竞争更少）之间的区别。事实证明，一年级成绩最高的学生通常不再想利用法律帮助他人或为奋斗目标服务，而是想尽可能多地赚钱。他们的外源性目标和内源性目标也发生了变化，变得对外表更感兴趣而对服务社区更不感兴趣。像艾米这样的人忘记了自己是谁，也忘记了什么对他们来说是重要的。

快进 20 年。假设艾米 40 多岁时已经成为一家大城市律师事务所的合伙人，这家律师事务所经常帮助公司规避环境法。她每周工作 60 多个小时，挣得一大笔薪水，钱多得她花不完。不幸的是，她也很痛苦，但她不知道为什么。她讨厌自己的生活，还在与酗酒做斗争。她经历了一系列的短期恋情，在此期间她经常受到伴侣的情感虐待。在某种程度上，她似乎想要受到惩罚，她认为自己活该受苦。

如果你问 40 多岁的艾米，她人生的主要目标是什么，她的回答会是："再坚持十年，以获得最大的回报。"她宁愿在痛苦中再度过十年，也不愿意辞掉她讨厌的工作，只为了手里能有一大堆钱。艾米的家人可能会因为看到她的变化而感到苦恼：他们所认识的那个快乐而有理想的年轻女子后来怎么样了？有什么能阻止艾米陷入这样的恶性循环吗？她能以某种方式"通过成长来摆脱她的问题"吗？个人成长是如何发生的呢？

最近，我的研究探索了人们如何成长与如何创造之间惊人的相似性。1926 年，格雷厄姆·沃拉斯（Graham Wallas）提出了著名的创造过程模型。沃拉斯的四阶段模型在今天的创造过程研究中仍然是高度相关的。他在文章中说，当一个人有意识地试图找到一个艺术、科学或其他问题的答案时，创造过程就开始了。这些问题在直觉上似乎有解决方案，即使这个人尚未找到答案的藏身之处。这是准备期，有意识的头脑（系统 2）致力于为无意识的头脑（系统 1）定义问题，从而召唤那个头脑去工作。

通常，创造者不会马上找到这些问题的答案，他们甚至可能在挫折中放弃当下，做一些其他的事情。然而，这一过程的第二阶段已经开始：孵化期。在这个阶段，无意识的大脑继续工作，建立联系并对提示、暗示和线索做出反应，而这一切都是在人的意识之外进行的。接下来，如果这个过程有效，就会进入第三阶段——顿悟期，也就是"啊哈"灵光乍现的瞬间。创造者有了一个突然的启示，并有意识地认识到一个以前没有出现过或被他们忽视的可能性。在那一刻，这个人觉得答案已经找到了，或者至少是触手可及。最后阶段是验证期。在这个阶段，创作者仔细考虑和阐明这一发现的含义，坚持并确认它确实是自己所寻求的答案。

最近我和学生瑞恩·戈弗雷迪（Ryan Goffredi）、柳德米拉·缇陶沃（Liudmilla Titova）所做的研究表明，认识到我们在职业和生活中真正想要得到什么的过程遵循着非常相似的步骤序列。我们可能会感到困惑，我们知道生活中有更多的东西，包括一些我们没有看到的东西。但是，尽管我们尽力了，我们依然不知道这些东西是什么（准备期）。我们甚至可能在很长一段时间里放弃寻找（孵化期）。但我们的问题和思考继续在表面之下施加影响。如果这个过程是成功的，我们就会看到"啊哈"灵光乍现，进入乌云散去、太阳出来的瞬间（顿悟期）。但我们必须对那一刻保持开放的心态，之后，我们必须有勇气跟随我们的新洞见，得出终极结论（验证期）。

这个模型非常适用于艾米的例子。假设在一次家庭聚会上，艾米与哥哥进行了一次激烈的交谈，然后她开始认真地思考自己的痛苦。她怎么能这么成功，同时又这么不开心呢？她知道有点不对劲，但怎么了？有出路吗？她的不快乐使她很难看到其他的可能性。她感到被困住了，并认为自己将永远不快乐。庆幸的是，至少艾米开始问自己新问题了。她已经进入了创造性成长的准备期。

很长一段时间里似乎没有什么事情发生，艾米的内心正处于孵化期。一天早晨，她坐在办公桌前，突然想起了她的老朋友玛尔塔，似乎是"不请自来"的念头。艾米至少有 15 年没有想起玛尔塔了，她们完全失去了联系。那为什么会有这种念头呢？艾米对这个想法产生了一丝兴趣，但由于每天压力重重，她很快就忘记了玛尔塔。又过了三个星期，她又想起了玛尔塔。更深层次的艾米是不是想告诉表面的艾米什么？再一次，表面的艾米很快就忘记了玛尔塔。当这个想法第三次出现时，艾米注意到了。"玛尔塔怎么了？"她很好奇，于是她在谷歌上快速搜索了一下。你瞧！原来玛尔塔已经利用她的环境科学学位进入了一个非常相关的职业。玛尔塔拥有自己的专业咨询公司，为客户提供如何减少生态足迹和更可持续经营的建议。她还帮助客户准备制止污染者的诉讼。

艾米对这一惊喜的发现很感兴趣，但这几个月来，她一直破罐子破摔。在这段时间里，艾米有几次想要和玛尔塔联系，但是她为自己变成了什么样的人而感到羞愧：她不想冒险让玛尔塔反对或蔑视她。尽管艾米在法律界取得了巨大的成功，薪水也很高，但她感觉自己就像一个空壳，一个任何正直的人都不想认识的人。

所以，艾米的情况继续恶化，甚至在戒酒中心待了两周。这只会有一段时间的帮助，但很快她又回到了原来的状态。为什么？因为她生活中的核心问题仍然没有得到认识和解决。

在一个周末，艾米陷入了人生的低谷。她甚至想过结束自己的生命，并开始写遗嘱。但是，她又一次想起了她的老朋友玛尔塔。这次她意识到并抓住了这个念头，这是她追求新的生活方式的一点小提示。艾米的执行功能开始工作了。她写了一篇文章，给玛尔塔发了一封电子邮件，祝贺她在她们曾经共同感兴趣的领域取得了成功。这封邮件充满了歉意：艾米为自己的所作所为感到羞愧，所以不好意思主动联系。

接下来发生的事情非常令人鼓舞。玛尔塔很高兴听到艾米的消息，并为艾米对她的工作不满意而感到遗憾。玛尔塔没有谴责艾米，相反，她表示支持和理解。玛尔塔甚至提到邀请艾米来她的咨询公司工作。她需要一位精通错综复杂的环境法的律师，即使这位律师通常试图帮助企业绕过这套法规。事实上，这正是玛尔塔最需要的人才！毕竟，一个知道所有把戏的律师最有可能打败这些把戏。艾米会考虑面试这个职位吗？

艾米一方面对这个想法很感兴趣，另一方面又很害怕。如果她接受了这份工作，她的收入将不及目前的一半，而且她将不得不搬到一个新的城市。对于这样的决定，她现在的同事们会怎么说？他们会说她疯了吗？尽管艾米很痛苦，但她仍然坚信自己是一名精英律师，为一家声誉卓著的律所工作，而且她已经晋升到了职业顶峰。她真的能放弃这份工作，去做一份她的同龄人都认为是降职的工作吗？

在艾米的困境中，我们可以看到符号自我的所有四种功能，但我们也可以看到这些功能之间的巨大冲突。

回想一下，符号自我的一项重要工作就是向其他的自我展示自我，向环境中其他的自我投射一张值得称赞的面孔，在多层次结构中管理自己人格和其他人格之间的界面。艾米很担心她现在的同龄人会怎么看她和怎么说她。如果她放弃了她的精英伙伴关系，成为一个收入微薄的环保主义者，那么，他们会认为她是一个失败者吗？但与此同时，艾米也很害怕她的朋友玛尔塔会怎么看她，也许玛尔塔会认为她是一个向贪婪的公司卖身的人。这两张外在的面孔似乎不可能调和。

符号自我的另一项重要工作是捍卫自己当前的结构，保护我们自认为的自己。在这种情况下，艾米害怕放弃她在 20 年的时间里培养的自我形象，作为一个精英律师，她可以最大化她的客户的财务回报。虽然成长过程和创造过程有许多相似之处，但它们也有一个重要的不同之处。通常情况下，创造者和研究人员并不害怕他们可能会发现什么，他们也不害怕超越现状。这就是他们想要的！他们正在"乘坐正反馈的列车"去探索一个新发现。然而，当创造成就涉及将一个人的身份重塑为一种新的形式时，这个人可能不得不克服巨大的内在阻力。正如艾米所发现的，克服符号自我的防御功能需要勇气和胆量。这就是为什么玛尔塔的形象在艾米的脑海中浮现了好几次，艾米才愿意跟着这个念头走。

还要回顾一下符号自我的第四个功能：尽可能准确地表现整体人格。这意味着符号自我所生活的故事应该是一个允许人们在系统 1 中表达更深层的性情和兴趣的故事。如果符号自我在这方面始终不给力，那么它仍然有被推翻或取代的危险，因为它没有做好自己的工作，它不能帮助人们适应和成长。艾米的情况当然也是如此，她作为一名法律精英的形象正变得相当不稳定。

我们接着说艾米的故事。假设有一天早上，艾米在一次跑步后，发现自己脑子里的一切都改变了。她意识到自己很久以前就走错了路，这条弯路让她失去了自我，甚至到了自杀的地步。在考虑玛尔塔的邀请时，艾米立刻意识到这是一个难得的机会：重新开始的机会，回到她年轻时的理想，朝着更有成就感的道路前进的机会。她也对自己目前的高权力、高收入的工作有了新的认识，这是对她宝贵时间的严重滥用，她几乎不能再忍受一个星期，更不用说再忍受 10 年了。艾米接受了玛尔塔的提议，她的生活立刻朝着更好的方向发展。

再次快进：在艾米 62 岁生日时，她回顾了自己的职业生涯。她在玛尔塔的公司工作了 16 年（最近 10 年是合伙人），从不后悔跳槽。她曾经依靠外在的、自我压力的动力来完成每天的工作，而现在她有了内在的、明确的动力，享受她所做的事情带给她的感觉，纵然那是一件苦差事，她也发现了其中的意义。她曾经很痛苦，现在她感到快乐和满足，她在日常生活中以一种表达她最深刻的价值观和信仰的方式为世界做贡献。最重要的是，她从来不想退休！工作是如此有趣和有意义，她为什么要停下来呢？

艾米在过去 16 年里积累的钱比她留在原来的工作岗位上所能积累的钱少得多。那又怎样？也许做我们想做的事比赚钱更重要。幸福感研究表明，这是毫无疑问的事实：自主工作动力和主观幸福感之间的相关性远远强于收入和主观幸福感之间的相关性。此外，大约超过 9 万美元之后，个人收入的增加对主观幸福感的预测影响不大。适可而止，在那之后，其他事情就更重要了。在做决定时，人们往往表现得好像事实恰恰相反，好像钱总是最重要的。但是，我们的"情感预测"，即我们对当前选择将如何影响我们未来幸福的预测，可能又一次错得离谱。我们在自己的精神世界里如此无知！

克里格和我在 2014 年的一项研究中以非常具体的方式证明了这个悖论。我们对美国四个州律师协会的成员进行了一项调查，然后将 1145 名服务型职业律师（在政府机构、私人执业或小型家族企业等工作，担任公共辩护律师）与 1414 名高薪型职业律师（在诉讼、证券、金融等领域工作）进行了比较。虽然我们发现高薪型职业律师确实比服务型职业律师赚得多（平均每年多 9 万美元），但我们也发现高薪型律师比服务型律师更不快乐，感觉更不满足。他们中的大多数还是重度酗酒者。尽管他们的高收入为他们的主观幸福感提供了一点小小的提升，但是这种提升却被他们所厌恶的工作带来的更大的负面影响所抵消。这使得他们的幸福水平与服务型职业律师相比完全处于劣势。根据典型的法学院文化，竞争中的"失败者"是服务型职业律师。但我们的研究结果却恰恰相反。

艾米鼓舞人心的自我发现之旅听起来似曾相识。毕竟，这是许多小说、戏剧和电影的模板，在这些作品中，一个角色最初被自己选择做的事情误导了。就像查尔斯·狄更斯（Charles Dickens）《圣诞颂歌》

（*A Christmas Carol*）一书中的守财奴一样，他们不知道故事第一部分的重点是什么，他们需要学习一些人生经验。在许多这样的故事中，人物角色开始寻找不同的东西，并询问："怎么了？""就只有这些吗？"（准备期）。其中许多还包括在这个提问阶段之后的长期中断（孵化期），然后，当人物角色突然透过迷雾看到前进的方向时，顿时恍然大悟（顿悟期）。同样的事情在现实生活中很容易发生：我们有一个有机体评价过程，如果我们能够认识到它告诉我们什么，并找到勇气跟随它的指引，我们总是能够提供有价值的洞见，就像艾米最后做的那样（验证期）。

艾米在痛苦中度过了几十年，跌入了情绪低谷，然后她主动给玛尔塔发了一封电子邮件，使她的成长呈螺旋式上升。我们如何才能学会现在就好好生活，这样我们就不会为了追求错误的东西而浪费几十年的生命？

好好生活的第一个关键，就是认识到我们什么时候不开心，并开始提问。情绪是告诉我们如何做的信号。

当艾米终于意识到这些信号时，她开始问自己一些正确的问题。这些问题启动了一切，这样她就可以逃离自己强加的牢笼。

好好生活的第二个关键也很简单：一旦你知道自己想要什么，就立马设定目标。目标设定是生活在语言世界中的符号自我的主要超能力：表达愿望和意图的能力。作为我们大脑最高控制系统（默认模式网络）的执行者，作为我们思想和身体的管理者，我们可以说："我想要……"这种能力为我们打开了一个充满可能性的世界，无论是保护环境、创作小说，还是加深友谊。一旦我们明确了目标，我们就可以为如何实现目标制订计划。然后，我们就可以努力减少我们现在所处的位置和我们希望到达的位置之间的差距。认识到这样的愿望可以推动我们向一个新的方向前进，即使我们不能马上成功也无妨。

事实上，仅仅是大声说出我们的目标就可能产生巨大的影响。我经常告诉学生："说吧。说你想要什么事发生就好了。"简单地表达意图会激活我们的意志。它让我们"跨越卢比孔河"，从深思熟虑到付诸实践，可以获得许多自动心理机制的帮助。这些机制的存在是为了保护和支持我们所表达的意图，并帮助我们得到我们想要的东西。在系统 2 中清晰地表达我们的目标，使得许多无意识的过程在系统 1 中为我们工作。你且试一试！

我们想要得到我们想要的，依旧很难。我们可能没有意识到（至少在一开始）实现目标需要付出什么代价。我们可能还不够渴望实现目标，可能会遭遇失败，或者变得气馁。但在这个过程中，我们可以学习，学习下次做得更好。用音乐家吉米·克里夫（Jimmy Cliff）的话来说："如果你真的想要，你就可以得到。但你必须努力、努力、再努力，最后一定会成功。"最重要的是，不要把困难和不可能混为一谈。不要仅仅因为情况令人沮丧，就认为你的行为已经不可逆转地被情况所控制。这是决定论的诸多问题之一。接受决定论会诱使人们过早放弃，从而产生一种停滞感。在挫折中，我们很容易陷入一概而论的笼统困境，产生一种习得性无助感。

与此同时，重要的是要认识到，我们的困难有时是由于想要错误的东西和设定错误的目标。生活在一个与我们的整个思想和有机体都不一样的语言世界（系统2）中，我们可以自由地选择糟糕的目标，如追求父母或朋友建议我们的目标，或者社会似乎提倡的更大的目标，而不是听从来自我们思想和身体深处的信号——这些信号可能会引导我们走向不同的方向，给我们前进所需的动力。"选择不当"正是艾米的职业生涯第一阶段的做法。但生活就是一场实验，她最终做对了。

那么，我们怎样才能知道自己想要什么呢？我们怎样才能学会如何去选择那些能让我们长期坚持下去的目标，那些能激励我们去超越任何事情的目标，那些能够满足且将会满足我们的目标？

我们已经看到了几种帮助我们选择正确目标的方法，即那些与我们内心深处的愿望一致的目标。最基本的技巧是在你选择某个目标之前问自己为什么想做这件事。是因为它是一个有趣而迷人的话题，还是因为做这件事听起来有挑战性和乐趣？如果是这样，你就有了做这件事的内源性动机（第四章讨论过）。当我们受到内在的激励时，我们通常处于心理学家所说的心流状态：

全身心投入，在我们目前的知识和技能的极限下运作，快速学习，享受自我。

不是每一项健康或有意义的活动都是令人愉快的。所以你要问问自己："做某件事是否能表达我内心的价值观和承诺，以至于当做某件事变得无聊或困难时，它依然显得重要？"如果是这样，你就找到了做这件事的动机，这是自主型动机的第二种主要形式。如果你既有内源性动机，也有认同性动机，那么你就站在了正确的轨道上。你的语言思维（系统 2）已经成功地识别出一种自我和谐的行为方式，与你更深层次的人格很好地保持一致。尽管前进的道路是不确定的，你也要努力去做。那些在 PCT 锻炼出更多认同性动机的人比那些认同性动机不强的人更有可能完成徒步任务，也更有可能从成就感中获得快乐。

在考虑是否接受玛尔塔的工作邀请时，艾米运用了这个技巧：在采取行动之前，她要考虑自己追求新的职业方向的动机。她得出的结论是：她将享受新工作带来的挑战（内源性动机），她将从找回她长期压抑的价值观（认同性动机）中受益。相比之下，她在声望很高的律师事务所的工作，既不能激发智力，也不符合她更深层次的价值观。认识到这一点后，艾米更加确信接受新职位是正确的选择。

如果你选择一个特定目标的原因是你"应该"去做，但你并不真的想这么做，你要小心了。这是一个信号，表明你的执行功能已经被一种外来的冲动所渗透，这是一种不能完全吸收和"吞噬"或内化的冲动。这种"应该"的感觉是一种内摄性动机，即我的一个自我试图强迫我的另一个自我去做某事。内摄性动机并不完全是消极的，因为它至少代表一部分内化。它可能是有效的，有时是必要的。无论是让我们把垃圾扔出去，还是让我们完成我们自己开启的项目，都不影响结果。PCT徒步者发展出更强的内摄性动机，更有可能完成徒步，就像那些发展出更强的认同性动机的人一样。然而，对于拥有更强的内摄性动机的徒步者来说，完成比赛与其说是真正的胜利，不如说是一种解脱。

最后，如果你选择目标的原因是你认为自己必须要做，但你不想做，这就是外源性动机。再次强调，你要小心了。是的，生活中有很多事情是我们必须要做的，外源性动机就像内摄性动机一样，可以帮助我们完成这些事情。下周我得去登记我的车，首先要做几件烦人的杂务，然后在州办公室排长队。如果不是因为不想交罚款的外源性动机，我也不会这么做！生活中的很多事情都是这样的。但是，当你选择几十年来引导你的主要人生目标时，"必须"去做某事的感觉是一个信号，表明你可能选错了。继续观察和思考，看看这种感觉是否会改变。你能不能至少开始内化做某事的想法，让它开始感觉更像是你的自我意志的表达？

让我们举一个具体的例子。一个 60 岁的男人可能一开始就认为他必须辞职来照顾年迈的母亲（外源性动机）。很明显，她已经不能独立生活了。但经过一些内心的努力和反思，他可能会发现自己有点儿想要做这件事：妈妈剩下的时间不多了，他可能欠她的，他"应该"做这件事。这将是一种内摄性动机，也是一个良好的开始。也许，随着时间的推移，他甚至可以完全发展出照顾她的认同性动机。也许他找到一个很好的机会，为他们的关系创造新的意义和画上完美的句号。这种情况很有可能发生，因为正如我在研究中发现的那样，内化过程往往会随着时间的推移而自动运行。当然，我们不能

（或者不应该）总是内化我们所做的事情；有时我们的抗拒是我们需要尝试其他事情的信号。因此，这个男人也可能决定合法地为他的母亲获得专业护理，这样他就可以继续从事令人满意的工作。每个案例都是不同的，不可否认，做出这样的判断是非常困难的。

当我们不确定自己的动机时，或者当我们必须在两个同样吸引人（或同样不吸引人）的选项中做出选择时，我们该怎么做？另一种策略是选择最理想的目标或活动：通过表达我们内在的欲望来反映我们内在的最好的一面，这种欲望就是联系和创造，成长和发展，成为更高尚和更美好的人。亚里士多德认为，幸福生活包括追求卓越和美德。美德有很多不同的形式，但它们都涉及三个主要因素：我们的道德感，以及受道德指引的愿望；我们的社会意识，以及帮助他人并与他人深入相处的愿望；我们的理智感，以及更好地理解和解读世界的愿望。虽然幸福是一个非常广泛的范畴，很难界定，但我们仍然可以知道我们什么时候在以幸福的方式行事。在这些时候，我们会感到深深的满足。如果某件事是有意义的和有挑战性的，如果它能给你带来满足感和幸福感，那么，你就知道你走在了正确的道路上。

对艾米来说，到玛尔塔的公司满足了她对"身心一致的卓越活动"的渴望。这是亚里士多德对幸福感的描述之一。

艾米的故事也揭示了时间在我们做决定的过程中所起的重要作用。正如我们所看到的，随着时间的推移，人们倾向于转向更内在的和令人满意的目标，而不是外在的和不那么令人满意的目标。我们的潜意识可以知道我们想要什么，即使我们不知道，如果我们继续倾听，它们也可以把我们推向有利于自己的方向。最终，艾米的有机体评价过程突破了这个瓶颈，让她意识到自己的生活有了一个更加充实的可能性。

但如果我们一刻也不能等，或者像艾米一样，我们感到痛苦呢？有时我们必须做的不仅仅是等待。我们可以向自己寻求帮助。作为我们头脑中有意识的执行者，我们可以从我们无意识的头脑中调出信息。我们每天都在做这样的决定（"我今天想穿什么？嗯……绿色让人感觉愉快！"），但我们也可以在更大的任务中学会这样做（"我真正想要的生活的最佳路径是什么？嗯……这个学位课程感觉不错！"）。当答案到来的时候，我们需要能够倾听和接受。艾米花了很长一段时间才开始问自己问题，然后又花了更多的时间去聆听她获取的答案，最终根据答案采取行动。

研究员马西娅·巴克斯特·玛戈尔达（Marcia Baxter Magolda）在2009年出版了一本优秀的著作《创作你的生活》（*Authoring Your Life*），书中提供了许多有趣的例子，用以说明人们如何学会唤起内心的智慧，然后认真对待它。在一项关于成人发展的纵向研究中，她发现"参与者必须积极倾听自己内心最新发出的脆弱的声音"。好消息是，参与者知道这项工作的重要性，并愿意做这项工作。一位参与者告诉她："通过努力，我知道了我所看重的是什么，我正在努力以体现这些价值观的方式成长。"另一个人说："我正在外部世界的喧嚣背后学习倾听自己内心的声音。"我们系统2的使用者可以学习激活系统1，并让系统1为我们工作。

玛戈尔达认为，接受新事物是成长过程中最困难的部分。它要求我们克服关于我们是谁、我们能做什么的过时或错误的信念，即我们对自己的狭隘看法的依恋。回想一下，根据塞迪基德斯和斯科朗斯基的说法，符号自我的三个功能之一，就是保卫自我的结构。这一点很重要，我们需要保护自己不受他人消极评价的影响，否则我们会很痛苦，也很容易被欺负。

--------------------------------～～--------------------------------

但是，符号自我的防御功能会阻碍我们成长和发展。有时候，过去的自我形象（比如，艾米的"法律精英"身份）并不值得捍卫。当这种情况发生时，我们需要放下过时的自我概念（宾格我），开始相信自己内心深处那些想要被倾听的部分（主格我）。如果我们足够聪明，能够问自己正确的问题，足够专注地倾听答案，然后足够勇敢地坚持到底，我们就能"驾驶自我之舟"进入未知的新水域，欢乐和满足在那里等待着我们。这是决心要自由选择的承诺，即使偶尔会带来痛苦也在所不惜。

致　谢

　　我要感谢以下阅读并评论过本书早期版本或特定部分的朋友：迈克·巴雷特（Mike Barrett）、艾玛·贝里（Emma Berry）、约翰·唐纳森（John Donaldson）、布莱恩·海因斯（Bryan Haynes）、埃里克·亨尼（Eric Henney）、诺亚·赫林曼（Noah Heringman）、蒂姆·卡塞尔（Tim Kasser）、克里斯蒂安·李斯特（Christian List）、弗兰克·马尔塔特拉（Frank Martela）、理查德·瑞恩（Richard Ryan）、托德·沙赫特曼（Todd Schachtman）、康斯坦丁·塞迪基德斯（Constantine Sedikides）和丹·图尔班（Dan Turban）。

后　记
好好生活，和睦相处

　　年轻时，我曾收到一块幸运饼干，上面写着："变好对你不利。"这句话既让我觉得有趣，又让我感到不安。这可能是一个打印错误或翻译错误，但听起来不妙。它提出了一个关于自由意志的重要问题，我们还没有答案。在这本书中，我主要关注符号自我的功能和能力，我们每个人都相信自己是一个心理实体。符号自我给了我们一种倾听来自多层次结构中较低层次的潜意识信号的方式，利用这些信息来选择特定的目标，然后协调大脑和身体的活动，试图实现这些目标。

　　不过，这是一个相当个人主义的观点。那我们的人际关系怎样呢？比如，我们的导师、领导、老师、伙伴、父母和朋友。在第二章中，我们看到这个多层次结构继续向上延伸，远远超出了我们自己的个体范围，还包括许多其他的个体，从你我他到家庭和其他群体，包括团队和其他组织，最后延伸到广泛传播的整个文化。如果我变好了，你变坏了，怎么办？换句话说，作为自由行为人，我们如何才能最好地与其他自由行为人保持联系？而我们可能并不总是与他人利益共享。

首先，我们必须将自己的故事与他人的故事联系起来，并感受到他们的了解和欣赏，反之亦然。我们更有可能与他人相处，甚至让他们做我们想做的事！尤其是在我们有权力和地位的时候，我们要支持他们的自主权，而不是试图控制他们。我们应该努力成为我们所拥有的社会力量的"好管家"。但这些做法如何能让我们超越日常的自我意识和与他人相处的模式呢？在这些情况下有什么不同？

康斯坦丁·塞迪基德斯和约翰·斯科朗斯基的观点提供了一个线索，即符号自我是意识的"第三阶"形式。所有的动物都被认为具有一阶意识，这意味着它们能够区分自己和世界。除了人类之外，其他有大脑的社会性物种，如猿和海豚，也有二阶意识，将自我作为具有特定特征的对象来理解。但据我们所知，只有人类有三阶意识：我们把自己理解为一出冗长戏剧中复杂且一直存在的角色。构建符号自我的能力之所以得以发展，是因为它为人们提供了管理和想象个人重要事件的方法，引导自己朝着更具适应性或更满意的结果的方向前进。

塞迪基德斯和斯科朗斯基的三阶方案提出了一个有趣的问题：是否存在一种超越前三种的四阶意识类型？也许这将是意识进化的"下一步"。根据多层次结构的"涌现主义"逻辑，这是一个合理的问题。但这种四阶意识是什么样的呢？它如何超越符号自我的三阶意识？简而言之，四阶意识包含什么内容呢？

这里有一个尝试：在三阶意识中，我们每个人都是发生在我们自己头脑中的戏剧中的角色，我们的角色与其他角色是相互独立的。而且，客观地说，人类的符号自我之间确实是完全"存在隔离"的，因为我们没有直接的方法接触到另一个人的大脑，没有办法直接知道另一个人正在经历什么。即使是我们最亲近的人，也总是在这条不可逾越的鸿沟的另一边，不管我们是否意识到这一点，这都是事实。更重要的是，我们自己对任何人来说都是不可知的。没有人能知道，在这一刻或在你死后做你自己是什么感觉。没有人能知道，你活着的时候做你自己是什么感觉。当我们离开的时候，我们就永远离开了。更重要的是，我们甚至很难知道做我们自己是什么感觉，我很难知道做我自己是什么感觉，你也很难知道做你自己是什么感觉！由于符号自我的部分切断状态，以及自我隧道的有限权限，我们从根本上自由地"不做我们自己"。还记得丹尼尔·卡尼曼那句奇怪的话吗："那个以我为生的自我对我来说就像一个陌生人。"还记得蒂姆·威尔逊的书吗？书名很贴切，叫《我们是自己的陌生人》。多么奇怪的事情！

也许我们不需要确切地知道别人正在经历什么，甚至不需要知道我们自己正在经历什么，就可以为我们所属的更大的整体做出有价值的贡献。在我们身体的深处，特定的细胞无法知道"成为其他细胞是什么感觉"；某个器官也不知道成为其他器官是什么感觉。化学物质彼此不知道，大多数情况下，就连我们自己的思想也不知道彼此的存在。尽管如此，我们的整个身体系统基本上都能自我相处。

如果我们将这种逻辑推广到我们的符号自我，这表明，当自我运作良好时，它们会增强它们所属的更大系统或社会有机体的运作。这应该是正确的，就像血细胞帮助更大的身体运作一样。但是，包含符号自我的那些更大的系统或有机体是什么呢？基于多层次结构的逻辑，似乎四阶意识应该包括自我的认同和自我的合并，一切都包含在社会群体、组织或网络中："我就是我们，我们就是我。"

这并不是一个新想法，我们还没有考虑到关于社会认同和群体认同的研究。这项研究表明，群体认同是非常强大的，它见证了当今世界存在的激烈的党派政治。但需要注意的是，尽管我们珍视群体认同，但我们最终还是与他人的思想隔离开来，甚至与我们自己思想中难以触及的那部分隔离开来。我们无法直接进入这些地方，我们只能想象它们。也许我们不能完全了解别人，甚至完全了解自己，但这并不重要，只要我们作为一个集体运转得很好，结果就会非常令人满意。符号自我是一个丰富多彩的四阶网络世界，所有人都有一个共同的目标，这可能正是人类为了生存所需要达到的条件。但是，我们如何才能做到这一点：带着一种为共同目标而努力的集体意识，带着同情心和同理心，在这个过程中保持我们的个性和每个人的自主性？

四阶意识也可以从叙事手法和叙事作者的角度来考虑（就像乔纳森·阿德勒关于心理治疗患者如何成为自己生活的创作者的研究）。在四阶意识中，我们会觉得自己不仅仅是一个在自己的人生故事中扮演着自己的角色。也许，在这个更高的层次上，我们被投入到戏剧本身，仿佛我们不仅仅是小说中的人物，做着作者让我们做的任何事，其实我们自己也扮演着作者的角色，一起创造未来，并且非常希望故事能有令人满意的结局。我们想要完美收官，即使我们可能会在途中受苦或死亡（"变好对你不利"）。从这个角度来看，我们不应该只是试图在其他（独立的）自我的社会中成为一个受人尊敬的符号自我，我们应该试着为整个戏剧承担责任，帮助我们的社区产生无法估量且变化如神的文化产品，即使我们自己也要付出代价。

放眼世界，显而易见，我们中间有许多杰出的人正在做着这样的事情：不知疲倦地保护环境，促进基本人权，扭转正义的弧线（正如马丁·路德·金令人难忘的名言）。但我们中的太多人陷入了一种不同的群体认同或叙事——让"我们"对抗"他们"，让"好的我们"对抗"坏的他们"。这种根据受欢迎的内部群体和被鄙视的外部群体来定义自己的倾向，可能在人类历史的早期就已经进化了，那时的部落主义是一种必要和有益的适应。在一个日益全球化的世界里，这种"我们"对抗"他们"的机制已经失去了效用。似乎很快就到了团结一致的时候——机不可失，时不再来。

多层次结构是用来解释宇宙中日益复杂的生物是如何进化和发挥作用的。人类可能是迄今为止出现的最复杂的生物，尽管在某些方面，我们可能太聪明而不利于我们自己，以至于聪明到让我们变愚蠢的地步。多层次结构向我们展示了所有生命的存在是多么依赖于各个层次的组织，一直到最小的原子层面。此外，我们体内的所有层面都有共同的命运：从我们身体的细胞，到我们的大脑，再到我们自己，要么我们一起生，要么我们一起死。同样的道理也适用于社会中的人类：如果社会走下坡路，谁先倒下并不重要，因为我们最终都会倒下。

可悲的是，随着两极分化、肆虐的流行病和无法控制的气候变化，"走下坡路"似乎很可能成为我们共同的命运。

然而，我对人性及其适应能力仍持谨慎、乐观的态度。进化不断地解决了先前的局限性所带来的问题，根据需要创造出新的复合结构。这些结构总是超越以前存在的东西，从无生命物质，到单细胞生命、多细胞生物，再到思维生物、符号自我、群体认同和国家政府。如果要解决我们现在面临的问题，就需要一个集体主义的群体思维过程，那就这样吧。尽管如此，在（关键的）人格层面，我们的符号自我远远超过其各部分的总和。它们的能力远不止于自私或屈从。让我们期待一下，我们的未来社会也能变得更有能力，而且远远超过其各部分的总和。